POSITIVE INTERPRETATION OF
CHILDREN'S EMOTIONAL PSYCHOLOGY

正面解读
儿童情绪心理学

李 雪◎著

文汇出版社

图书在版编目 (CIP) 数据

正面解读儿童情绪心理学 / 李雪著 . — 上海：文
汇出版社，2017.10
ISBN 978-7-5496-2330-3

Ⅰ . ①正… Ⅱ . ①李… Ⅲ . ①儿童心理学②儿童教育
- 家庭教育 Ⅳ . ① B844.1 ② G78

中国版本图书馆 CIP 数据核字 (2017) 第 231647 号

正面解读儿童情绪心理学

著　　者 / 李　雪
责任编辑 / 戴　铮
装帧设计 / 天之赋设计室

出版发行 / 文汇出版社
　　　　　　上海市威海路 755 号
　　　　　　（邮政编码：200041）
经　　销 / 全国新华书店
印　　制 / 三河市龙林印务有限公司
版　　次 / 2017 年 12 月第 1 版
印　　次 / 2019 年 1 月第 3 次印刷
开　　本 / 710×1000　1/16
字　　数 / 152 千字
印　　张 / 15

书　　号 / ISBN 978-7-5496-2330-3
定　　价 / 38.00 元

前言：亲子教育，其实就是一种博弈

在这个时刻都充满未知的世界里，社会发展日新月异，生活环境也瞬息万变，我们的身体、心理还有情绪也随之发生着各种改变。

世间万物都在变，只有父母"望子成龙、望女成凤"的心理永恒不变。每一位父母都希望自己的孩子能够按照自己所期待的那样成长、发展，可是绝大多数孩子并不会太"听话"，这就需要父母细心教导，用心哺育。

其实，亲子教育就是一种"博弈"，一个说服和反叛的过程。父母有父母的策略，孩子有孩子的博弈武器，比如用发脾气来表达自己的不满，用哭泣来表达自己的委屈，用过激的行为和言语来挑战父母的权威等。

这些在我们当父母的看来，实在幼稚，可是我们又不得不正视，不得不采取有效措施及时制止，并对其进行有针对性的教育。

有教育专家曾这样说："教育上操之过急和缓慢滞后，都会摧残孩子正常的心理发育。"

孩子的心是玻璃做的，透明而又柔软，敏感而又脆弱。在孩子的成长过程中，身为父母的我们在兼职做孩子人生导师的过程中，任何一个微小的疏忽，任何一种不恰当的行为，任何一句过激的言语，都有可能刺中孩子的心，造成不可挽回的伤害。

良好的亲子教育是孩子一生中最宝贵的一笔财富，是促使孩子拥有健全人格、成熟心智最关键的因素之一。

本书以孩子情绪和家庭教育为切入点，详细阐述父母与孩子在博弈过程中应该掌握的一些方法和规律：以尊重孩子、欣赏孩子、包容孩子、理解孩子等方面为重点，帮助父母与孩子建立起健康良好的亲子关系。

合理有效的亲子教育方法，对孩子的成长所带来的益处，是无法估量的。

希望每一位父母都能够与时俱进，摒弃落后的教育观念，及时更新先进的教育思想和理念，在亲子教育之路上不断探索，不断实践——尽量对孩子少一些责备，多一些赞美；少一些责骂，多一些关爱；少一些责罚，多一些鼓励。

最后，祝愿所有的孩子在父母的悉心教导下，都能够成为有知识、有文化、有智慧、有技能，对社会和家庭均有贡献的人。

李 雪

2017 年 7 月 23 日

目 录
Contents

第 一 章

情绪方程：哭是孩子的博弈武器

孩子用最自然的方式表达他们的情绪，但是，他们所得到的回应和有关情绪的教育信息却是不科学的。

为了孩子的心智和心理均能健康地成长，教孩子正确区分和判断自己的情绪，采取恰当的方式表达和释放自己的情绪，是每一位爸爸妈妈应尽的职责和义务。

1. 哭泣是内心情绪的表达

教会孩子区分、判断各种不同的情绪，允许孩子以恰当的方式表达、释放自己的情绪，对于孩子的心理健康成长是有益而无害的。

小敏背着绵羊造型的书包去幼儿园上学，小朋友都很喜欢她的小书包，都会争着摸一摸、抱一抱，只有辛辛默默地站在一旁。

小敏以为辛辛不喜欢她的小书包，可没想到就在大家不注意的时候，辛辛突然冲过来，不由分说抢了小敏的书包就跑。

小敏着急地跟在辛辛身后追，可辛辛是男孩子，跑得比小敏快，小敏跑得上气不接下气还是没追上辛辛。顽皮的辛辛冲身后的小敏做鬼脸，还把她的"小羊书包"扔到了地上。

小敏委屈极了，看着自己心爱的书包被辛辛弄脏了，她气得坐在地上大哭起来。

虽然小敏很想冲上去，狠狠地咬一口辛辛以示"报复"，但最终她还是选择了最简单的方法——哭泣，来表达自己心中的委屈和不满。

是的，孩子都知道：哭泣，是他们表达内心委屈情绪最直接、最见效的方法。

如果你是小敏的爸爸妈妈，你会怎样化解这样一场小孩子间的"闹剧"呢？

你是第一时间跑到小敏跟前温柔地安慰她"别哭了""别生气了"，还是很严肃地喝令她"不准哭了"，并对她进行一番说教，抑或是默默地站在一旁，让她宣泄自己的情绪，待她情绪稳定了之后再跟她好好沟通呢？

众所周知，情绪是语言所无法表达的微妙信息。

人与人之间，常常通过表达情绪来相互影响和相互适应。对于孩子而言，爸爸妈妈严肃的表情可能会让他们停止哭泣或是吵闹；对于爸爸妈妈而言，孩子痛苦、委屈的表情，都会让他们揪心。

幼年的孩子不懂得控制情绪，感到委屈时会通过哭来表达情绪。此时，如果爸爸妈妈用严肃的语言或表情要求他停止哭泣，虽然可以达到"止哭"的目的，但却未必能抚平他心灵上的创伤，以及宽容小伙伴恶作剧的行为。

其实，辛辛把小敏的书包扔到地上，只是他的恶作剧，绝没有大人想的那么复杂，比如"因为得不到所以毁掉的坏心眼"行为。所以，爸爸妈妈要让小敏从这件事中学会宽容，而不是对辛辛进行"报复"。

孩子就像一只小刺猬，他们需要采取一些行为来保护自己。如果强硬制止孩子的哭泣，是肆意"扼杀"孩子宣泄情绪的自主权

利，孩子会觉得爸爸妈妈蛮不讲理，不疼爱自己。

亲子劳动课上，同学们都谨遵老师的交代，和爸爸妈妈从家里带了水桶和抹布去图书馆搞卫生，只有小天忘记了。于是，小天乘丽丽不备时，抢了她的水桶。

丽丽眼看着小天拿着她的水桶跑远了，哭着跑去找妈妈。妈妈见状，一边轻声安慰她，一边问她为什么哭。

丽丽抽噎着说："我的水桶被小天抢去了，我没有劳动工具了，我要报告老师去。"

妈妈安抚好丽丽的情绪后，带她找到了小天，然后对两个孩子说："同学之间要团结友爱、互相帮助，你们两个人可以分工合作，小天去打水，丽丽擦桌子，这样好不好？"

两个孩子高兴地答应了。

隔壁班的花花也遇到过类似的情况，不过妈妈对她的教育方式却不太一样。

亲子手工课上，花花刚做好的手工作业被张兰抢走了。

花花委屈地哭了。不过，她的妈妈并没有安抚她或听她倾诉，而是立马从张兰手中把花花的手工作业给抢了回来，并告诉花花："哭是弱者的行为，是不能解决问题的，要动脑筋去想怎么做才能解决问题。"

不同的教育方式，收获的结果自然也就不一样了。

于是，后来花花变得很"强大"，再被同学抢东西或是欺负时，她会狠狠地反击，甚至会跟同学打起来。时间长了，同学们都不敢跟她玩了。而丽丽则因为喜欢帮助同学，越来越多的同学喜欢跟她玩了。班会上，同学们还一致推选她当班长呢。

看到这里，想必大家都应该知道答案了吧。

是的，当你的孩子因感到委屈而哭泣时，你应该第一时间安慰他，了解他哭的原因，给他充分的时间来倾诉内心的委屈和不满，这也是尊重、疼爱孩子的表现。

孩子之所以哭，就是想引起爸爸妈妈的注意，得到他们的重视和帮助——在他哭着告诉你原因之后，你要安慰他，并帮助他分析对方为什么要"欺负"他，以及面对这样的"欺负"他到底该怎么做。

当他完全将你的话听进去之后，自然也就停止哭了。

其实，化解闹剧的整个过程大多都是在"哭声"中进行的。因为，我们不能一味地制止孩子的哭泣，也不能扼杀孩子通过哭泣来表达委屈的权利，我们应该给他们发泄情绪的机会。

不过，为了能让孩子的心智健康成长，在日常生活中，爸爸妈妈还要教会孩子或是帮助孩子调节情绪。

我们中国人在感情的表达上比较含蓄，尤其是亲子之间的情感表达。有些爸爸妈妈都不曾在孩子面前大声地说过一句"我爱你"，却会在孩子熟睡之后偷偷亲吻他的脸颊表达自己的爱。

虽然这种表达爱的方式不是不可取，不过，爸爸妈妈用明确的

语言表达自己的情绪，对孩子而言，是一种很好的管理情绪示范。

当你大声对孩子说"我爱你"时，他也会高兴地给你一个爱的回应——抱抱你或是亲亲你；当你沮丧地对孩子说"我很失望"时，尽管他会难过，但他还是会安慰你，会向你表示以后不会惹你生气……

只有父母明确地将自己的情绪摆在孩子面前，孩子才会体会到自己高兴时爸爸妈妈也高兴；自己生气时，爸爸妈妈也生气；自己受到委屈时，一味地哭闹会令爸爸妈妈更加难过；而无理取闹或耍小性子时，会令爸爸妈妈烦躁甚至生气……

渐渐地，孩子会因为疼惜父母而慢慢去学习如何控制自己的情绪。

以上这种调节情绪的方法，适用于那些已经开始读书的儿童。对于婴幼儿，可以通过跟他们玩各种象征性的游戏来帮助他们调节情绪，比如过家家、画画、跳舞、搭积木等。

洋洋妈妈经常和儿子一起玩过家家游戏。

妈妈会让洋洋扮演"妈妈"，自己则扮演"儿子"。"儿子"生病了，"妈妈"着急地带他上医院；"儿子"肚子饿了，"妈妈"会去厨房做饭；"儿子"要睡觉了，"妈妈"会讲故事哄着睡觉；"儿子"在幼儿园被其他小朋友抢玩具了，"妈妈"会跟"儿子"一起难过；爸爸出差了，"妈妈"会跟"儿子"一起想爸爸。

妈妈就是通过模拟情境，让洋洋体验各种强烈的情绪，学习协调、管理自己的情绪，感受、体谅他人的情绪的。同时，这还能锻炼洋洋的情绪表达能力、调节能力和理解能力。

教会孩子区分、判断各种不同的情绪，允许孩子以恰当的方式表达、释放自己的情绪，对于孩子的成长和心理健康是有益而无害的。

现在就行动起来吧，你和孩子将会获益终身。

2. 通过哭泣了解孩子的内心世界

不管工作有多忙，不管现实的困难有多大，身为孩子的第一任"老师"，身为孩子最信任的亲人，爸爸妈妈要尽可能满足孩子的内心所需，为他们营造一个良好的生活环境，使他们能够健康、快乐地成长。

聪聪有个坏习惯，总是丢三落四，而且还老是不合时宜地"发作"。这不，周末早晨，爸爸妈妈还没睡醒呢，聪聪的屋子里就传来叮叮当当的声音。

爷爷奶奶在聪聪的叫嚷声中这儿翻翻那儿找找，急得像热锅上的蚂蚁。"这儿，这儿！那儿，那儿！"聪聪坐在书桌前，一边把

书包里所有的文具、书本倒出来,一边嚷嚷着。

"我说聪聪,大清早怎么弄得跟打仗似的?你又有什么东西不见啦?这么早开始折腾爷爷奶奶多不好!"妈妈揉着惺忪的眼睛走进聪聪的房间。

"周一要交的美术作业本找不到了!"聪聪噘着嘴,一副很委屈的样子。

"你怎么老是找不到东西啊?"被吵醒的爸爸不耐烦地瞪了聪聪一眼。

聪聪顿时泪如雨下,妈妈赶紧把他揽入怀中。这时,爷爷从聪聪书包里倒出的书本中找到了美术作业本,但聪聪的哭声并没有停止,反而哭得更厉害了。

按理说,找到了要找的东西,聪聪应该破涕为笑才对,为什么他会哭得更加伤心了呢?因为爸爸的那一"瞪眼",伤害了他幼小的心灵。

聪聪之所以总找不到东西,并劳师动众地让全家人一起帮他找,真的是因为东西不见了吗?

其实不然!他只不过是想通过"找东西"这件事引起爸爸妈妈的关注。

聪聪的父母平时工作很忙,根本没时间照顾他。到了周末,聪聪以为爸爸妈妈会抽出一些空闲时间陪他,可他们不是睡懒觉就是出门跟朋友小聚,总是把他交给爷爷奶奶。所以,聪聪才会每逢节假日就上演一出"找东西"的戏码。

每个孩子自出生以后，就成为一个独立的个体。他们有自己的思想，有自己的行为，在他们的内心世界里，有多种多样的情绪：有喜有怒，有哀也有乐。他们多么希望有人能跟他们一起分享或者分担这些情绪，而这个人就是跟自己亲密无间的爸爸或妈妈。

可是，由于各种各样的原因，爸爸妈妈忽略了孩子的内心世界，疏忽了对他们的照顾，所以，有的孩子就会通过一些"问题行为"来引起爸爸妈妈的关注。

聪聪的哭泣声，其实是在给爸爸妈妈传递这样的信息：我需要你们的关爱——爸爸妈妈，你们多久没有关心我了？多久没有陪我了？多久没有跟我聊天了？多久没有带我出去玩了？你们还记得上一次带我出远门是什么时候吗？

当沉积在孩子心中的无数个问题，需要通过眼泪告诉爸爸妈妈时，那是一种怎样的无奈呀！

姚瑶是个"爱哭鬼"。这个外号是爸爸给她起的，因为她实在是太爱哭了。

爸爸妈妈长期在海外做生意，所以姚瑶从小就跟姥姥姥爷一起生活。爸爸妈妈一个月才来看她一次，每次都带给她许多好吃的、好玩的，还有很多从国外带回来的精品礼物，其他小朋友看见了不知道多眼馋呢。

可是，这些礼物并不能让姚瑶快乐。她经常哭，即使姥姥姥爷

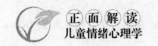

尽可能答应她的所有要求，她还是动不动就哭。

在家里，姥姥为了能让姚瑶多补充营养，每天变着花样给她做好吃的，可只要有哪道菜不合她的胃口，她就又哭又闹让姥姥重新做。

在幼儿园里，要是哪个小朋友不小心碰了姚瑶一下，她就像是受了多大委屈似的，大喊大叫或者哭个不停。

有一次，妈妈送给姚瑶一只毛绒小熊，姚瑶一点都不喜欢这个礼物，当即就把它扔进了垃圾桶。妈妈责备了她两句，她又开始号啕大哭。

有人说，姚瑶现在这么脆弱，都是因为隔代教育——姥姥姥爷对姚瑶太过溺爱，造成了她的公主病。

其实，那根本不是什么公主病，而是孤独的表现。

姚瑶不能跟爸爸妈妈一起生活，每个月和他们相处的时间只有有限的几十个小时，其余的将近 700 个小时里，她只能跟姥姥姥爷相依为命，那是一种怎样的孤独啊？

对姚瑶来说，排解孤独最好的办法就是哭泣——只要我哭了，姥姥姥爷就会紧张，就更疼爱我了；只要我哭了，老师就会注意到我，就更加关注我了；只要我哭了，爸爸妈妈就会心疼我，所以就能常常来看我。

这就是姚瑶之所以成为大家眼中"爱哭鬼"的根本原因。

很多时候，孩子哭并不单纯只是因为眼前发生的某一件事，而是很多事积累、沉淀的结果。

爸爸妈妈要学会循着孩子的哭声走进他们的内心世界，了解他们的内心所需。聪聪需要的是爸爸妈妈的陪伴，姚瑶需要的是在爸爸妈妈身边生活。

不管工作有多忙，不管现实的困难有多大，身为孩子的第一任"老师"，身为孩子最信任的亲人，爸爸妈妈要尽可能满足孩子的内心所需，为他们营造一个良好的生活环境，使他们能够健康、快乐地成长。

这也给爸爸妈妈出了一个大难题：如何才能走进孩子的内心世界，了解孩子的内心所需呢？

如果为了生计，你整天疲于奔波实在无暇顾及孩子，那么回到家后，请你最少空出一分钟的时间，给孩子一个温暖的拥抱，拍拍他的肩膀，摸摸他的脸蛋，给他一句恰如其分的赞美。

如果因为空间的阻隔，你不能常伴在孩子左右，那么就常给孩子打电话，听听孩子的絮叨，也跟孩子讲讲自己的经历。节假日尽量抽时间带孩子出去玩，增加亲子相处的时间，让孩子知道你是时时刻刻记挂他的。

俗话说，眼睛是心灵的窗户。身为孩子最信任的人，你要用你的眼睛多观察孩子，观察他的一言一行，关注他作业本、笔记本上的小涂鸦，说不定能从中了解到孩子的一些情绪信息。

如果孩子取得优异的成绩，你不仅要替他开心，还要奖励他、支持他，并且告诉他，只要他继续努力，他还能做得更好！

　　如果孩子遇到困难或挫折了，哪怕你帮不了他，但你也要留在他身边，安慰他、勉励他，听他倾诉，告诉他一次失败没什么大不了，关键是要有战胜自我的勇气。

　　此外，你还可以通过别人的眼睛来关注自己的孩子。时常跟孩子的爷爷奶奶、姥姥姥爷、老师沟通，了解孩子平时在家、在学校的表现，了解孩子跟同学的相处情况，了解孩子的脾性等。

　　但了解归了解，爸爸妈妈不能侵犯孩子的隐私权。

　　隐私权是人与生俱来的，孩子和大人一样都具有隐私权。爸爸妈妈要想走进孩子的内心世界，就要充分尊重孩子的隐私权，给孩子一片自由的天空。

　　每个孩子心中都或多或少有一些小秘密，爸爸妈妈不能打着"关心孩子"的旗帜去窥探他们的隐私，比如偷看他们的日记、私拆他们的信件等。只有将了解和尊重有机地结合起来，父母和孩子之间的关系才能向好的方向持续发展。

3. 用哭泣来表达抗议

秩序感对孩子而言，就像是导航，他们就是靠这种导航慢慢接触社会、接触人和事以及适应周边环境的。

前段时间，杨梓总是半夜起来哭闹，一边哭一边推醒身旁酣睡的爸爸，拽着爸爸往门外走。

这样的情况持续了一个多星期，奶奶以为是杨梓半夜做噩梦受到惊吓了，就在花瓶里插了几朵能凝神静气的百合花，但情况依然没有改善。爸爸妈妈以为杨梓生病了，就带他去医院做了个全面检查，结果显示：身体健康。

杨梓到底是怎么了？

其实原因很简单，杨梓是在用有声的语言——哭泣来表示抗议，抗议自己的生活习惯和生活环境被家里突然到来的宝贝打乱了。

原来，杨梓的小弟弟上个月出生了。为了迎接这个小生命的到来，爸爸妈妈把家里的格局做了很大的调整——杨梓的房间被弟弟的婴儿床和各种婴儿用品"霸占"了，他的床也被爸爸妈妈清理出去换了新床。而且，他还被安排到书房跟爸爸一起睡，以前陪他入

睡的妈妈现在每晚要哄小弟弟。

杨梓觉得弟弟的出现打乱了他的生活秩序，这让他的生活完全乱套了。每当半夜醒来，看到陌生的床和环境，他就觉得非常害怕，所以才会通过大哭来表达情绪。而他之所以拽着爸爸往房间外走，就是想"回家"——回到他所熟悉的房间。

孩子和大人一样，都会因一定的秩序感而自我约束。这种秩序感是社会环境或是家庭环境慢慢培养出来的，比如母乳喂养。

众所周知，母乳也被称为"黄金乳"，可以想象它的营养价值有多么高。所以，宝宝出生之后，医生都会建议妈妈进行母乳喂养。

宝宝的第一口"口粮"是母乳，自然会对母乳情有独钟，哪怕妈妈的奶水不多，宝宝也要费劲地吸啊吸。在肚子还没饱的情况下，他们才会接受奶粉喂养。

先母乳，再用配方奶的秩序感就这么形成了。

比如，萱萱到学校阅览室借书，看到有的同学从书架上抽出几本书翻看，可翻看后就随手把书放到了桌子上。

萱萱默默地走过去，将桌子上的书按照编号重新一本一本排列，整齐地放回书架上。萱萱这么做，也是秩序感使然。

萱萱认为，每样物品都有其固有的位置，只有把它摆放在属于自己的位置上才是正确的。

萱萱对物品的摆设位置、事物的顺序等非常讲究、敏感，完全是受到妈妈的影响。萱萱的妈妈每天都把家里收拾得整整齐齐，什么东西放在什么地方都很讲究，就连鞋子的摆放顺序也不能乱。

秩序感对孩子而言，就像是导航。

他们就是靠这种导航慢慢接触社会、接触人和事以及适应周边环境的。这就是为什么有的孩子出远门必须要带上自己最喜欢的玩具，有的孩子吃饭一定要坐在固定的位置上，有的孩子散步总是走固定路线的原因。

良好的秩序感，可以帮助孩子重塑自我，将生活中的人、事、物井然地联系在一起，使他们慢慢养成良好的行为习惯。

秩序感对孩子非常重要，一旦孩子的秩序感被打乱、破坏了，他们就会失去安全感，感到忐忑不安，情绪也会受到影响，变得躁动，于是乱发脾气、哭闹不止。

而杨梓会出现半夜惊醒、哭闹的情况，就是因为弟弟的降生使他既定的秩序感被破坏了，所以他才会用哭泣的方式来抗议。

那么，爸爸妈妈怎么做才能解决问题呢？难道要将家里已经改变了的格局还原？这当然不行。

其实，爸爸妈妈在改变家庭格局之前，应该先跟杨梓沟通好，要明确告诉他，为了弟弟的健康成长，家里会有所改变，他的秩序感会被打乱，让他先做好心理准备。

现在木已成舟，杨梓的秩序感已经被打乱了，爸爸妈妈要做的就是按照现有的生活模式，帮助他建立新的秩序感。

在新的秩序感建成之前，爸爸妈妈要多抽些时间陪陪他，尤其是妈妈不能让他感觉到弟弟夺走了妈妈对他的爱。而对于他的哭闹，爸爸妈妈要多些耐心去安抚。

只要陪伴他走过这一段陌生期，等他对新的环境日渐熟悉了之后，一切就会恢复平静。

意大利幼儿教育学家玛丽亚·蒙台梭利曾指出：当孩子进入2~4岁敏感期的成长阶段，其关键特征就是秩序感。

在这一时期，孩子常常会表现出"仪式化"的兴趣。比如，总是要把物品摆放在他认为对的位置上；要在特定的位置找到特定的物品，等等。这种敏感性表现在诸多方面，当事情没有按他们通常的秩序发生时，他们就会觉得很难过。

所以，在此要提醒各位家长，最好抓住孩子的这一年龄阶段对他们进行秩序感的培养，让孩子从小就在有序的环境中自然、健康、幸福地成长，为他们今后的健康成长、社交能力打下良好的基础。

4. 用哭泣逃避来自父母的惩罚

爸爸妈妈要本着"重动机、轻后果"的原则，对孩子因生理、心理因素及缺乏经验造成的过失给予原谅。

妈妈下班刚回到家，一凡就哭着跑到门口，一把抱住妈妈的腿，哽咽着说："妈妈，今晚上我们不要看电视了好吗？爸爸也不看了好不好？"

妈妈蹲下身来，好奇地问："为什么大家今晚都不能看电视啊？"

一凡哭得更凶了，怎么也不回答。这时，爸爸从书房里走出来，说："一凡把电视遥控器弄坏了。"

妈妈听了顿时火冒三丈，把一凡拉到茶几旁，正想数落她时，爸爸说："没事的，一会儿我就能把它修好。"

"真的吗？"一凡满怀希望地看着爸爸。妈妈看着一凡红红的眼眶顿时心软了，不再责备她。

孩子因为年龄小，其生理机能和心理发育都还不够成熟，动手能力也很有限，所以难免会犯错误，比如打碎盘子、弄坏物品、说

错话。有的孩子会像一凡这样，在做错事后，乘在父母未发脾气之前先声夺人——号啕大哭。

别以为孩子因为做错事而哭等于承认了错误，有的孩子只不过是为免受父母的惩罚，以哭泣来熄灭父母的怒火。所以，不管孩子哭得多大声，看起来受了多大委屈，家长都不能因心软而忽略孩子犯下的错误。

虽然爸爸宽容了一凡的错误，可妈妈对此事还是"耿耿于怀"。

晚饭过后，一凡坐在沙发上兴致勃勃地看动画片。这时，妈妈用一种比较轻松的口吻问："一凡，下午你弄坏了遥控器，爸爸妈妈没责备你，你为什么要哭呢？"

一凡不予回答，继续看动画片。

妈妈没有放弃，继续问："你把遥控器弄坏了，是故意的还是不小心的？"

一凡低下头，思考片刻后才怯怯地答道："不小心。我不是故意的，我知道错了。"

"我和爸爸有时也会不小心弄坏东西的，你弄坏东西要主动跟爸爸妈妈说，我们可以一起想办法解决问题。可你为什么要哭呢？"

"我怕妈妈骂。"一凡低着头，小声说。

"小朋友做错了事，要主动承认错误，说清楚事情发生的经过，才能得到父母的原谅，不能因为怕挨骂、受惩罚就哭，知道吗？"妈妈轻声教育她，"做错事就哭，不是勇于承担责任的好孩子。以后不能这样了，否则爸爸妈妈不但会责罚，而且还会罚得更重呢。"

一凡抬起头来，望着妈妈的眼睛，点了点头。

妈妈看一凡听进去了，继续说："遥控器是用来遥控电视的，不是拿来玩的。以后要记住，不能把所有的东西都当成玩具，不是每样东西弄坏了爸爸都能修好的，知道吗？"

妈妈的这种做法很好，既教育了孩子做错事要勇于认错并承担后果，不能用哭来逃避父母的惩罚，又教育了孩子不能随便玩家里有用的物品。

一凡属于"敢认错但不敢承受结果"的孩子，但有的孩子"知错不改还倒打一耙"，用哭声来为自己争取"宽大处理"。爸爸妈妈看到孩子流眼泪，怎么能不心疼？于是惩罚也就作罢了。

事实上，这种做法是不恰当的，会给孩子灌输一种"哭可以逃避责任"的想法，长此以往，孩子会变得"内心脆弱""爱逃避责任""不敢承认错误"，这很不利于孩子的健康成长。

然然有一个坏习惯，喜欢把鞋子和衣服反着穿。在她上幼儿园的时候，早晨出门前妈妈帮她把衣服穿得整整齐齐，可到了幼儿园后，她就会趁老师不注意的时候把衣服反着穿过来。

刚开始，老师觉得然然是调皮，就提醒她换过来，然然也会接受老师的建议。可是过了一会儿，她又把衣服反着穿了。折腾几次下来，老师只好通知然然的爸爸妈妈。

为此，爸爸妈妈狠狠地教训了她一顿。

　　然然上小学以后更机灵了，她只在学校里把衣服和鞋子反着穿，在放学后又会重新换回来，所以爸爸妈妈根本不知道她还保留着这个坏习惯。直到有一天下雨，妈妈提前到学校来接她放学，才看见她反穿着衣服走出校门。

　　妈妈看到后，心里的怒火蹭地就燃烧了起来，走过去冲她大吼："然然，你怎么那么不听话！你多大了，还反着穿衣服！"

　　然然被妈妈吓了一大跳，泪水瞬间充满了眼眶。

　　妈妈看到女儿的眼泪，这才意识到自己刚才失态了，也不再继续责问然然，而是按捺住怒火开始哄女儿，并向女儿承认错误，说自己刚才不该那么大声斥责她。

　　对于像然然这样的偏执型孩子，爸爸妈妈首先要做的不是责骂她，说出伤害孩子自尊心的话，比如"你是个坏孩子""你真是没用""你怎么那么笨"等，而应该将重点放在引导孩子该"如何做"上。

　　这一点，然然的妈妈就做得很好。

　　不一会儿，然然的情绪稳定下来了。妈妈接她回家以后，耐心地告诉她："反穿衣服、鞋子不仅不漂亮，还可能给自己的身体健康带来伤害。

　　"鞋子之所以分左右，就是因为人的左右脚不一样，每一只都有它固定的特点。反着穿会让自己的脚不舒服，走起路来也不方便，要是一不小心摔倒了、磕伤了怎么办啊？"

　　妈妈见然然对自己的话并不抵触，又继续说："别的小朋友都不反穿衣服和鞋子，就你一个人反穿，别人会觉得你跟他们不一样，会不喜欢跟你一块儿玩的。然然，你肯定不希望大家都不喜欢你吧？"

听了妈妈的话，然然点了点头，说："我只是觉得好玩……如果这样会让同学讨厌的话，我以后不这么做了。"

有些孩子性格倔强，做错事拒绝认错，觉得承认错误会没面子，或是会受到严重惩罚，所以就会把眼泪当作武器，试图通过哭泣博得爸爸妈妈的同情心，以此达到自己的目的。

对于这样的孩子，爸爸妈妈不能急着去追究孩子所犯错误的轻重，而是要帮助孩子尽快认清自己的错误。

爸爸妈妈可以先用"缓兵之计"，跟孩子说"爸爸妈妈不会责罚你"，让孩子先停止哭泣。

然后，再跟他讲一个有关小朋友大胆承认错误并得到爸爸妈妈原谅的故事。告诉他，承认错误并不是一件丢脸的事，相反，不敢承认错误才是丢脸的事——做错了事不要紧，只要承认错误并改正就还是好孩子，爸爸妈妈还会更加疼爱他。

最后，家长还要注意正确地引导，告诉孩子，无论是父母、老师、小朋友，都更喜欢敢于承认并改正错误的好孩子。当孩子承认错误后，爸爸妈妈还要表扬他，肯定他的进步，然后帮助孩子分析错在哪儿以及造成的后果，教他如何去改正。

每个孩子都是独立的个体，他们有自尊、有想法，不过，由于

孩子年龄小，是非观念和思维都没有发育完善，所以当孩子做错事以后，最害怕的就是会受到惩罚，于是他就会把眼泪当成武器，通过哭泣的方式来保护自己。

爸爸妈妈要本着"重动机、轻后果"的原则，对孩子因生理、心理因素及缺乏经验造成的过失给予原谅。

但对其因行为和品德所造成的错误，则要毫不留情进行批评、教育，帮助孩子学会明辨是非，增强孩子的道德判断力，好让孩子今后少犯、不犯同类错误。

5. 哭泣是一种得到的要挟

家长要在心中立一把标尺，对孩子提出的每一个要求进行度量。对孩子有益且父母能接受的要求可尽量满足，反之，要坚定地拒绝。

相信大多数人都看到过这样的场景：在玩具专卖场，小朋友或坐在地上撒泼打滚，或拽着爸爸妈妈哇哇大哭。

有的父母会"冷处理"，站在一旁看着孩子默不作声；有的父母会采取"强硬态度"，生拉硬拽地把孩子带走；有的父母则会"快速处理"，直接掏钱买下孩子中意的玩具，来制止孩子的哭闹。

哭，对孩子来说真的是一种完美"武器"。

爸爸出差回来时，送给小兰一个会说话的洋娃娃。

周末，倩倩找小兰玩的时候，两个人一起玩着这个有趣的洋娃娃。倩倩觉得这个玩具太棒了，如果自己能有这样一个洋娃娃，她睡觉都会笑醒的。

倩倩回家后，希望妈妈也能给自己买一个，可妈妈听完当即拒绝了。一方面，她们生活的城市没有这个品牌玩具的专卖店，另一方面，这款洋娃娃价格太贵了，妈妈觉得没必要乱花钱，况且倩倩对什么都是三分钟热度，买这个玩具实在不值得。

可倩倩哪里能想到这么多呢？她见妈妈不同意，立马号啕大哭，一边哭还一边给奶奶打电话，诉说自己的委屈。

奶奶接到倩倩的电话心疼坏了，立刻打电话给倩倩妈妈，责备她不给倩倩买新玩具。

当妈妈说出不买的原因时，奶奶生气地说："哼，你当妈的不给买，奶奶给买！"

妈妈见拗不过奶奶，只好妥协答应了。倩倩知道自己很快就能拥有新玩具，立马破涕为笑了。

倩倩是"所求不遂"，便以哭泣来要挟爸爸妈妈的"典范"。

"一哭、二闹、三上访"是孩子要挟父母的"三部曲"。"哭"和"闹"，相信各位爸爸妈妈都很清楚了，"上访"指的是"向上

一级机关或领导反映问题以求得到解决"。

在孩子的眼中，爸爸妈妈的上级就是爷爷奶奶或者姥姥姥爷。于是，他们在"所求不得"之后，就会第一时间"上访"父母的"上级"。因为很多爸爸妈妈即使能理性地拒绝孩子的无理请求，可是一旦"上级"干涉就会妥协。

但是，家长没有意识到一点，一旦让孩子得逞一次，将会后患无穷啊！

很多父母都有这样的烦恼：教育孩子时常常会受到"隔代爱"的阻挠，也就是孩子的保护伞——爷爷奶奶或姥姥姥爷。

朋友赵颖前几天也遇到了和倩倩妈妈一样的情况。

赵颖没有给儿子凡凡买电动玩具车，凡凡将她"一纸诉状"告到了奶奶那里。

奶奶一向宝贝孙子，当即对赵颖下达命令：给凡凡买他一直想要的电动玩具车。

不过，赵颖并没有轻易让步，而是跟奶奶进行了一次深刻沟通。她耐心地跟老人解释，自己为什么拒绝儿子的要求。原来，凡凡已经有三辆电动玩具车了，只是最近商场里摆出一款紫色的新汽车，除了颜色不同，其他配置都一样，可凡凡还是吵着闹着要买这辆新车。

赵颖对婆婆说："凡凡这么大的孩子正是难管的时候，如果我们总是纵容孩子，就会给他灌输错误的价值观、金钱观，让他觉得只要跟奶奶告状、哭闹，就能得到想要的东西，这会在无形中增长他的欲望。"

奶奶听后，觉得赵颖说的也有道理，只有给孩子好的教育才能引导孩子健康成长，确实不能惯坏孩子。于是，奶奶决定不再给赵颖施压，而且和赵颖站在了同一条战线上。

凡凡一看奶奶背叛了自己，顿时像泄了气的皮球，连午饭也不肯吃。赵颖见状，对凡凡说："电动玩具车你已经有了呀，为什么还要买新的？"

凡凡噘着嘴说："那辆紫色的车比我的玩具车酷多了。"

赵颖得知凡凡想买新车的原因，仅仅是因为它的颜色更酷，顿时来了主意，她对儿子说："下午妈妈、奶奶和你一起改造一辆更酷的车，怎么样？"

凡凡听到这话，两眼顿时绽放出光芒，这才拿起筷子大口吃起饭。

吃完饭，赵颖去超市买了一盒彩色水彩和笔刷，回到家里和凡凡、奶奶一起动手，给凡凡改造了一辆新车。半个小时后，一辆炫酷的玩具车改造出来了——车身紫色、银色相间，比商场里的那辆车更漂亮。

凡凡高兴极了，把要买新车的事抛到脑后，还大夸妈妈和奶奶是心灵手巧的人。

在教育孩子的问题上，父母和长辈很可能有不同的看法。

　　以前的生活条件艰苦，大多老人都经历过苦日子，所以在他们心中，一定不想让孩子受苦。尤其是在经济条件允许的情况下，很多老人都会尽可能答应孩子的条件。

　　但是，父母会综合考虑问题，什么玩具值得花钱去买，什么玩具不值得；什么玩具会有益孩子的智力开发，什么玩具只不过是陪伴孩子打发一些时间而已。所以，他们就会理性地看待孩子哭闹着要买某样玩具的事情。

　　不管怎样，大家的目的都是一致的：希望孩子健康快乐地成长。所以，只要爸爸妈妈跟孩子的"上级"能够在"爱孩子"的问题上提前沟通好，"隔代爱"也能成为爸爸妈妈教育好孩子的助力。

　　孩子明确表达出"我想要"某样东西的想法时，爸爸妈妈基于各种因素的考虑，可以很果断地说"不"。可是，有些孩子他想要什么东西却不开口，就只是哭，爸爸妈妈该怎么办呢？

　　首先要了解孩子为什么想要这样东西。比如凡凡想买新的玩具车，只是因为那辆车的颜色更炫酷，如果满足了这一点，孩子自然不会再吵闹。

　　当然，由于孩子的分辨能力较弱，有的时候他们想要某样东西的理由很简单，可能是看到别的小朋友有，也可能是样子更漂亮。不同的原因要有不同的处理方法，如果是出于攀比等负面心理，父母要及时进行引导，避免孩子树立错误的价值观。

　　家长要在心中立一把标尺，对孩子提出的每一个要求进行度量。

对孩子有益且父母能接受的要求可尽量满足，反之，要坚定地拒绝。即使面对孩子的聪明手段——哭闹、寻求爷爷奶奶的帮助等，父母都要坚持自己的原则，不能让孩子养成眼泪可以"要挟"父母的坏毛病。否则，你的关爱将会成为对孩子的溺爱，反而会影响孩子的身心健康。

6. 别让孩子尝到哭泣的甜头

要想自己的孩子不会养成"通过习惯性哭闹达到目的"的坏习惯，就不要让孩子尝到用哭泣作为"武器"使他的要求得到满足的甜头，发现苗头要即刻将其扼杀于萌芽状态中。

一旦让孩子品尝到"哭泣的甜头"，就很难罢手了。

很多时候，孩子大声哭泣并不一定是受到了委屈或伤害，而是想通过"哭"这种武器得到父母的关注——对某人、某事进行抗议，或是要挟父母达到什么目的，或是想逃避因做错事会受到的惩罚，等等。

关于孩子的这些小聪明，爸爸妈妈一定要善于甄别，切不可被孩子的眼泪蒙蔽，更不要因为孩子的眼泪而改变自己原来的决定。

晨晨是一个活泼开朗的小女孩，可是最近不知怎么回事，她变得可爱哭了——只要一遇到不顺心的事，她就一边叫，一边哭。

前几天，爸爸妈妈叫她吃晚饭，她说自己现在不饿，想等看完动画片感到饿的时候再吃饭。

妈妈当然不同意了，强行把电视关了，要她去吃饭。晨晨一屁股坐在了地上，哇哇大哭起来。爸爸见状心疼了，又把电视打开让她先看着，过一会儿再吃饭。

爸爸的妥协让晨晨第一次尝到了哭泣的甜头，让她觉得哭是对付爸爸的好办法。于是，她想要买什么，爸爸要是不同意她就立马大哭；她想做什么、不想做什么，爸爸要是干涉的话，她也用哭声来表示"抗议"；有时因为自己做错了事，被爸爸教训了，她也不依不饶、哭天喊地的。

起初，妈妈会反对爸爸一味地纵容孩子，也曾严词拒绝过晨晨的各种不合理要求，但是爸爸每次听到晨晨的哭声就心软，在一旁"和稀泥"，还跟晨晨妈妈强调晨晨是因为年纪小、不懂事才会这样的，等她长大一点就会懂事了。

晨晨妈妈最终被晨晨爸爸说服了，跟晨晨爸爸一起尽量去满足晨晨的要求，不管是合理的还是任性的。

长此以往，晨晨成了一个目中无人的超级"爱哭鬼"，她想要的东西、想做的事，没有人能拒绝——谁要是敢说一个"NO"，她就"眼泪伺候"。

妈妈还是比较理智的，对晨晨的一些无理要求会说"不"，但爸爸却从一开始就被晨晨的哭泣所迷惑、软化了，以至于有了第一次的妥协后，第二次、第三次妥协也接踵而来。

当晨晨初尝到"哭泣让爸爸妈妈妥协"的甜头时，必定会牢牢记住这个让自己大获全胜的法宝——眼泪，并在以后的日子里反复用来达到自己的目的。

当然，造成这一结果与妈妈的动摇有很大关系，爸爸稍微一劝她就"缴械投降"了。可妈妈根本就不知道，自己的一次次让步会给孩子造成怎样不好的影响——言而无信，出尔反尔。

影响家长在孩子心目中的威信是次要的，关键是妈妈让孩子的哭泣得到了"回报"，相当于间接鼓励孩子"用哭泣来要挟父母以达到某种目的"的行为，助长了孩子的嚣张气焰。

晨晨在幼儿园里也是那么"嚣张跋扈"，小朋友都不喜欢跟她玩。

一次，晨晨看中了同桌小莉的新书包，就跟小莉要。

小莉当然不肯给她了，晨晨就在教室里号啕大哭起来，非说小莉欺负她。于是，老师把晨晨的父母请到幼儿园，他们这才知道，晨晨已经养成了"通过习惯性哭闹达到目的"的坏毛病。

孩子因为尝到甜头而养成一个小毛病，如果任这个小毛病滋长，必定会造成难以补救的后果。

这不，晨晨因为尝到了哭泣的甜头，于是一次又一次逼爸爸就范，最后将哭泣变成了一种"武器"并习惯性地使用。而爸爸妈妈

的一再退步和容忍，使晨晨变得更加无理取闹、胡搅蛮缠。

为此，晨晨的爸爸妈妈非常担忧，怎样才能让晨晨改掉这个坏习惯呢？

坚持原来的决定，就是一种对孩子把哭泣当成"武器"的行为最有效的改进。

对于晨晨提出的要求，妈妈首先要进行严格地筛选，哪些合理、哪些不合理，哪些该同意、哪些该拒绝，妈妈必须要坚定自己的原则，绝不能再因心软而动摇。

其次，就是要跟爸爸进行一次深度沟通，把教育晨晨的主动权拿到手，并且让爸爸认识到晨晨出现的问题，不再充当"和稀泥"的角色。

当晨晨哭泣时，爸爸不要去安慰她，也不要劝阻妈妈，要有意识地忽略她、冷淡她，让她知道"爸爸不是救生圈"，眼泪已经不能再对爸爸起作用了。

一两次下来，孩子自然就会明白，哭泣已经不能再作为自己达到某种目的的"武器"了。这样一来，她就会自动放弃使用这一"武器"，而这个坏毛病自然也就会改掉了。

最后，在面对晨晨的再一次哭泣时，必须狠下心来不予理睬，让她知道：哭泣绝对不是达到目的的有效手段，更不能改变爸爸妈妈的决定。

哭泣之所以成为孩子制胜的"法宝"，其实都是部分爸爸妈妈给惯出来的。

要想自己的孩子不会养成通过"习惯性哭闹达到目的"的坏习惯，就不要让孩子尝到用哭泣作为"武器"使他的要求得到满足的甜头，发现苗头要即刻将其扼杀于萌芽状态中。

7. 有选择性地"冷落"他们

这里所说的"冷落"，指的不是在感情上冷落孩子，而是在孩子的某些特定行为上冷落他们。

说到"冷落"孩子，想必每一位家长都会反对。因为有太多的教育专家高声喊出"别冷落孩子，别输掉孩子的未来"这样震撼人心的话语。

每一个人，不管是成年人还是儿童，都需要感情的慰藉，都不希望自己被人冷落，尤其是被自己最亲的父母冷落。

朋友的儿子路路写了这么一篇周记：

"我害怕爸爸。不是因为爸爸对我管教太严格，而是我做错了事或者考试没考好，他就不理我，不跟我说话，这样的情况有时会持续好几天。爸爸忽视我的时候，我觉得每一分钟都非常煎熬，看

他阴沉着脸，我就心里发毛，有时会害怕得发抖。

"妈妈说爸爸那是在惩罚我，我讨厌爸爸这种'无声的惩罚'，我宁愿他对我大吼大叫，哪怕是打我一顿，也不要他不理我！"

是的，这种"冷暴力"会使孩子的心灵受到严重伤害。

每个孩子都不愿意被父母冷落。一旦孩子受到了冷落，他们的自尊心和表现欲就会受到抑制，长此以往，他们不仅会感到压力，还会影响其心理变化，可能会使他们变得孤僻，还可能出现对伙伴施暴或自虐的行为，以此来吸引大家的目光。严重者，甚至可能滋生出厌世心理，这非常不利于孩子的成长。

在此，给家长们敲响警钟：要关爱、疼爱孩子，不能漠视他们，要时时刻刻和他们保持沟通。

不过，在教育孩子时，爸爸妈妈可以有选择地"冷落"孩子。

这里所说的"冷落"，指的不是在感情上冷落孩子，而是在孩子的某些特定行为上冷落他们，如孩子不听话的时候，无理取闹的时候，无缘无故大喊大叫的时候，还有为达到目的哭闹不休的时候，等等。

如何做到感情上不冷落孩子呢？

枨枨在幼儿园举办的绘画大赛中获得了第一名的好成绩。当他把这个好消息告诉爸爸妈妈时，爸爸妈妈一个劲儿地夸他聪明能干。他见爸爸妈妈如此高兴，便乘此机会请求爸爸妈妈奖励自己。

"奖罚分明"是家庭教育中比较普遍的一种方法。对于孩子做得好的地方，多给予肯定和鼓励，有利于激发孩子的潜能，培养孩子的创造力；对于孩子做得不好的地方，进行必要的批评和教育，是帮助孩子走向成功的推进器，也有利于孩子的健康成长。

妈妈觉得栿栿在绘画比赛中能拿奖很棒，便答应了他的请求。栿栿高兴地说："我想要《变形金刚》限量版的大黄蜂机器人模型。"

妈妈一听，立马拒绝了，因为限量版的大黄蜂机器人模型实在太贵了，她建议栿栿另选一个礼物作为奖励。可栿栿不依不饶，一边嘟囔说妈妈说话不算数，一边抹眼泪。

妈妈看到栿栿哭了虽然很心疼，但转念一想，不能这么由着他、惯着他，被他的眼泪骗倒，所以她坚持让栿栿换一个可以接受的礼物。

栿栿哪里肯妥协，还是一直哭闹，哭得"尽兴"时还捶打起妈妈来。

这回妈妈真被栿栿的"无赖"行为惹怒了，她指着栿栿的鼻子吼道："再哭，再哭就什么礼物也不买了！"

栿栿被吓了一跳，张大嘴巴还想继续哭，但看到妈妈阴沉着脸，瘪了瘪嘴，把哭声给吞进肚子里了。

妈妈说话算数，在栿栿停止哭闹后，就给他买了一个变形金刚的玩具。虽然不是限量版，但是拿到玩具的栿栿还是很开心，因为妈妈没有骗他，实现了兑换礼物的承诺。

妈妈后来也跟栿栿道歉了，说妈妈当时吼他只是一时情急，妈

妈一直都是爱他的。

每个人都有控制不了情绪的时候。有时，孩子的哭闹会让爸爸妈妈感到很烦躁，如果一时控制不住自己的情绪向孩子发了火，这种行为虽然可以理解，但却不提倡。

希望看到本书的每位家长，在孩子面前尽量控制好自己的情绪。如果实在是控制不了，就要像枞枞妈妈那样，要及时跟孩子解释、道歉，并告诉孩子，爸爸妈妈是爱他的。

其实，这种做法就是在有选择地"冷落"孩子——不冷落孩子的情感需求，但拒绝孩子的无理要求。

孩子因"所求未遂"哭闹而惹爸爸妈妈发火了，对于孩子来说，家长的态度就是一种"冷落"行为。因为在孩子眼中，爸爸妈妈不同意自己的要求而且还对自己发脾气，就是"冷落"自己、不爱自己的表现。

事后，爸爸妈妈主动跟他解释，就是为自己无心的"冷落"行为负责，这是尊重孩子和爱孩子的一种表现。

对孩子而言，尊重和爱一样重要。

值得一提的是，"冷落"孩子并不是最好的解决办法。如果有孩子像枞枞一样提出无理的要求，而且还不愿意退让时，那就请暂时"冷落"孩子，不要因为孩子哭闹、发脾气而退步。

同时，家长也要控制自己的情绪，尽量不要对孩子吼叫，可以暂时不跟孩子互动，让孩子自我发泄一下情绪。等孩子情绪稳定后，再跟他进行沟通，告诉他哪里做得不对，哪里做得不够好，哪里还要改进。

当然，孩子做得好的地方一定要奖励，像枨枨妈妈那样，答应了给枨枨奖励就一定要做到，不能因为他之后的不懂事而取消对他的奖励。毕竟，"赏识教育"是世界上最著名的六种教育方法之一，它可是家庭教育的第一品牌。

最后再强调一次，此"冷落"非彼"冷落"，此"冷落"的初衷是为了孩子好，为了更好地教育孩子，对孩子的健康成长是有益而无害的。

第 二 章

节制任性：孩子总是不那么听话

　　太听话的孩子没有个性，太有个性的孩子又不听话。太过任性、不听话的孩子往往难以养成好性格、塑造好品格，影响其健康心理的发展以及正确人生观、价值观的形成。

　　每一位父母都必须下决心、下狠心纠正孩子任性、不听话的坏毛病，别让孩子在不听话的道路上越走越远。

1. 父母向左，孩子向右

叛逆是孩子成长的必然阶段。由于孩子的认知能力和判断能力有限，所以他们形成的"独立思想"还不成熟，难免会产生一些偏见，故而做出了叛逆行为。

很多家长都会有这样的抱怨：孩子太不听话了，父母说向左，他们就偏要向右。

其实，这是孩子的叛逆行为在作怪。

比如，近来宁宁变得让人很难捉摸。他之前总说想去参观科技馆，感受一下高科技给人们的生活带来的便利。

周末，爸爸说带他去参观科技馆，可他却又说不想去，觉得没什么意思。于是，爸爸只好尊重宁宁的意见不去了，可他又嘟囔着说爸爸说话不算数，搞得爸爸都不知道他哪句话是真话，哪句话是假话了。

爱说反话，是孩子叛逆的一种表现。

20 岁前的青少年都会经历三个叛逆期，分别是：2~3 岁时的

"宝宝叛逆期"，7~9岁时的"儿童叛逆期"，12~18岁也是我们最常见熟知的"青春叛逆期"。

因此，当孩子出现任性、不听话等表现时，爸爸妈妈不必太过忧心，因为这说明孩子进入了成长叛逆期。

孩子之所以会有这些叛逆表现，除了想引起爸爸妈妈的注意，更重要的是在表达一种"我已经长大了，我有自己的思想了，我已经具备对很多事做出独立的判断和决定的能力了"的讯息。

爸爸妈妈遇到这种情况时，要多跟孩子进行沟通，多询问孩子对某事的看法或决定，明确告诉他：爸爸妈妈会尊重他的决定，如果他不能正确地表达自己的内心所想，爸爸妈妈根据他所提供的"假信息"执行了，他要负全责，可不能怨爸爸妈妈。

叛逆是孩子成长的必然阶段。

孩子从单纯学知识到逐渐对知识产生判断能力，然后会形成独立的思想。由于孩子的认知能力和判断能力有限，所以他们形成的"独立思想"还不成熟，难免会产生一些偏见，故而做出了叛逆行为。

静静原本是一个很听话的孩子，可是最近不知道怎么回事，她老是跟爸爸妈妈顶嘴，爸爸妈妈不管叫她做什么，她都说"不"。

妈妈带她去逛书店，看到了她一直想要的童话书，说要给她买，她却摇摇头说："不要！"爸爸带她去游乐场玩，让她玩最喜欢的旋转木马，她竟然也摇头拒绝了。

爸爸妈妈感到非常疑惑，问静静原因，她也不予回答。为什么静静会突然变得不听话了呢？

其实，静静对爸爸妈妈的建议说"不"，是儿童进入叛逆期的表现，这种现象会持续半年到一年。因为在这个阶段的孩子好奇心很重，且自我意识也开始发展，有了自己的想法，所以就不喜欢别人来干涉他们的行动了。

那么，怎样才能表现出自己的自主心理呢？那当然就是顶嘴，直接说"不"了！

爸爸妈妈应该为孩子形成了独立思考能力、独立行为能力而高兴，并充分利用这个好时机来培养孩子正确的判断力，而不是要求孩子一如既往地服从家长。比如，静静口是心非地说不想要那本童话书，妈妈可以明确地告诉她："这本书很难买到，如果今天你不要的话，下次可能就买不到了。"

家长可不要小看了孩子的叛逆期，这是孩子个性形成的关键时期，爸爸妈妈的教育态度和引导方式会直接影响孩子性格的变化。

对处于"宝宝叛逆期"的孩子，爸爸妈妈要多一些耐心，少一些忧心；多一些谅解，少一些生气。同样，对处于"儿童叛逆期"的孩子，爸爸妈妈也要做到"两多两少"，给予孩子更多的宽容和理解。

身为孩子最亲密和最信任的人，爸爸妈妈切不可因为孩子一时叛逆而生气、责罚，而应多抽些时间陪孩子，多跟孩子进行沟通，多加理解孩子，指导和帮助孩子平稳地度过每一段叛逆期。

2. 你所想的，并非他所想

他们的童年，他们的人生，他们想要过的生活，跟爸爸妈妈所想的完全不一样。爸爸妈妈强行将自己的意愿叠加给他们，使他们的心灵蒙上了一层黑色的阴影，那是一种怎样的伤害啊！

当小宝宝呱呱坠地来到这个世界时，爸爸妈妈对他们的爱完全是无条件的。因为那时的宝宝生活无法自理，小脑袋里也没有思维意识。

可是一旦孩子学会走路、学会讲话，有了自己的行为能力、一定的思考能力后，爸爸妈妈对他们的爱就开始变得有"条件"了。

这里所说的"条件"，指的是"爸爸妈妈以自己的社会价值观来为孩子的未来做规划"。比如，有的爸爸妈妈认为，孩子从小要学习钢琴、舞蹈、声乐、绘画等技能，长大后成为一位艺术家才是人生的成功；有的爸爸妈妈却认为，孩子从小要多读圣贤书，学习成绩一定要优异，要考进重点学校，这样才能成大器……

爸爸妈妈精心为孩子设计未来，是疼爱孩子、塑造孩子的表现，但也是控制孩子的表现。

如果孩子缺乏舞蹈、声乐、绘画的天赋，却要被迫学习这些，每天做着不喜欢做的事，那是一种怎样的悲哀啊！

不喜欢读"圣贤书"，学习成绩也不够优异，但是喜欢户外运动，具有其他特长，却被爸爸妈妈要求"两耳不闻窗外事，一心只读圣贤书"，那是一种怎样的无奈啊！

他们的童年，他们的人生，他们想要过的生活，跟爸爸妈妈所想的完全不一样。爸爸妈妈强行将自己的意愿叠加给他们，使他们的心灵蒙上一层黑色的阴影，那是一种怎样的伤害啊！

印度有则寓言叫《国王的黄金床》，讲述了这样一个故事：

国王想制造一张能够让任何人都睡得舒服的床，于是，他按照全国人民身高的平均值，打造了一张非常昂贵的黄金床。黄金床完成后，国王躺在床上美美地睡了一觉，他觉得这是他睡过的最舒服的床。

于是，这个乐于跟人分享的国王决定，每天都邀请一位大臣或百姓宿在这张黄金床上，让大家都能度过一个愉快的夜晚。可事实上，大臣和百姓谁都不想体验睡在黄金床上的感觉，收到邀请的人甚至被吓得瑟瑟发抖。

这是为什么呢？

因为黄金床的尺寸并不适合每一个人，于是，国王就有了个很自以为是的想法，他为了让睡在床上的人能舒服点，下发了一个极端的命令——有的人太高了，国王就会让人砍掉他的小腿；有的

人太矮了，国王就让两个大力士拉伸他的身体，直到国王认为他舒服了为止。

这么一来，体验过黄金床的人，不是死就是伤，谁还会愿意睡啊？要知道，他所想的并非你所想啊！

前段时间，楼上的邻居袁莉来家里做客，邀请我去观看她女儿朵朵的市级钢琴比赛。

袁莉骄傲地说："我们家朵朵去年就拿了区比赛的第一名，这几天我让她在家好好练习，争取拿个市级前十名，没准发挥得好，还能拿个前三名呢！"

可就在比赛的前一天，朵朵却突然发高烧，不得已住了三天医院，钢琴比赛也没能参加。

那天我去病房看望朵朵，还没进门就听见袁莉在嘟囔："好好的怎么就发烧了，真是可惜。朵朵，下次你可要争气……"

我推门进来后，只见朵朵神情淡然，似乎对此次错过了比赛并不在乎。

过了一会儿，袁莉出去买东西。见妈妈出去了，朵朵立马拉起我的手说："阿姨，其实我一点也不喜欢参加这种比赛。"

我看出朵朵有心事，就问她："那你怎么不跟妈妈说呀？"

朵朵有些委屈地说："妈妈觉得能在比赛中得到名次是件好事，她总是强迫我参加各种比赛。其实，我只是有点喜欢弹钢琴，不爱参加这种比赛。为了躲避这次比赛，我前天特意冲了一个凉水澡——因为我不敢跟妈妈说实话。"

原来如此，难怪朵朵会突然发烧。于是我答应朵朵，事后会跟她妈妈好好沟通一下。

朵朵病好了以后，我特意跟袁莉说起这件事，将朵朵的真实想法告诉了她。袁莉大为吃惊，她从来没想到，在朵朵心里参加钢琴比赛已经成了一种负担。

下午，袁莉把朵朵以前获得的钢琴比赛的奖状、证书都收了起来。朵朵放学回家看到后，惊讶地问道："妈妈，之前挂在墙上的奖状呢？"

袁莉笑着说："妈妈以后再也不会逼迫你练钢琴、参加比赛了。钢琴本来是你的兴趣爱好，之前妈妈以为你愿意参加比赛，没想到你会为了躲避比赛故意去洗冷水澡。朵朵，妈妈以后不会逼迫你了，但是你也不能再用这种极端的办法了。"

朵朵高兴地点了点头。自从袁莉不再强迫朵朵练琴、比赛以后，朵朵练习钢琴反而更认真了。

其实，每个人心中都有一张不断完善的"标准床"，或许一开始你在设计的时候，并没有意识到自己有一天会长高、长胖，所以床的尺寸有些小。等长高、长胖以后，你就会发现这张床已经睡不下了。

而对于慢慢长大的孩子，他们也会发出这样的疑问：爸爸妈妈为什么要给我设计一张不实用的"标准床"呢？

或许真的如一些父母所担心的，孩子如果不从小培养，将来很难成才。由于孩子心智尚未发育成熟，他们对未来没有概念，对自己将来要选什么专业、做什么职业根本一无所知。所以，父母需要为孩子早做筹谋，不惜重金为孩子打造一张"标准床"。

这未尝不是一件好事，只是这张床不能成为完全控制孩子的工具，相反，它要"与时俱进"，适时地做出调整。

如果哪一天发现床的尺寸太高，孩子爬不上去，那么，就要将支起床的四个床腿削掉一截；如果床做得太长，孩子躺着不舒服就锯短一截；反之，就加高或者加宽。

总之，家长的目的就是让孩子睡得舒服。当然，在做这些决定之前，一定要跟孩子沟通，看看孩子是否愿意。总之，一切要以孩子的意愿为主。

也就是说，爸爸妈妈刚开始为孩子设计的未来，很可能不对孩子的"胃口"，孩子未必喜欢。爸爸妈妈要根据孩子的喜好做出调整，绝不能将自己的想法和意愿强加给孩子，以致委屈了孩子，限制了孩子的发展，阻碍了孩子成才。

当然，最好是让孩子自己来做那张"床"，按照他的想法、意愿，选择他最想要的未来。因为父母给孩子计划的人生，往往不是他们真正想要的。

3. 孩子潜意识里的抵触

由于性格迥异，有的孩子性格内向，不善表达、不乐于交流，有什么想法总是藏在心里不愿说出来，情绪积压得太久无处发泄，就会形成抵触心理。

绘画课上，老师让大家交上节课留下的美术作业。

莎莎高兴地把自己的美术作业交给老师。老师接过莎莎的作业，看了一眼，说了声"好"，然后就放在了桌子上。

当迪迪交给老师作业本时，老师很认真地看了看，然后摸着迪迪的头，笑眯眯地说："迪迪的画很有特色哦，可以告诉老师，你为什么要画这样一幅画吗？画里讲了什么故事呢？"

迪迪点了点头，手舞足蹈地开始讲给老师听。老师一边听，一边微笑着点头。

莎莎看到这一幕，心里很不是滋味。她心想："为什么我花了那么多心思做了作业，老师只看了一眼，而迪迪的作业老师就看得那么认真，还让他讲画里面的故事呢？"

莎莎越想越气。

在快下课的时候，老师走到迪迪的课桌旁，看到迪迪新画的画，又是一番夸奖。莎莎生气极了，下课之后竟然走到迪迪的课桌旁，拿出一支红色的水彩笔在迪迪的绘画本上胡乱涂鸦。

这是一场无声的较量。

由于莎莎的画没能引起老师的注意，而迪迪的画却得到了老师的赞扬，这让莎莎心生妒忌。而下课前迪迪的画再次受到老师表扬，激化了莎莎潜意识里的抵触情绪，使她产生了"报复"心理，所以才恶意破坏迪迪的画，以发泄自己的不满情绪。

很多家长都觉得孩子年龄小，怎么会有抵触情绪呢？

其实，每一个孩子心中都藏着小秘密，任何人、任何事都可能引发他们的情绪变动，从而使他们产生抵触心理，做出一些令人意想不到的事。

由于性格迥异，有的孩子性格内向，不善表达、不乐于交流，有什么想法总是藏在心里不愿说出来，情绪积压得太久无处发泄，就会形成抵触心理。

上面所说的莎莎就是因为难以顺畅地表达出自己的真实想法，当她遇到自己认为不公的事情时，只好以抵触情绪来表示反抗。

隆隆妈妈又一次被语文王老师请到学校来开家长会。

王老师告诉隆隆妈妈，隆隆经常在语文课上走神、打瞌睡，语文成绩一路下滑，让隆隆妈妈回家和隆隆好好沟通一下。

回到家后，妈妈问隆隆为什么不认真上语文课。隆隆说，因为他不喜欢王老师。

妈妈又问他讨厌王老师的原因，隆隆噘着嘴说："王老师的语文课实在太沉闷了，就像是照着教案念一样，他也不跟我们互动，所以一上语文课我就犯困、打瞌睡。而且王老师很偏心，他只夸奖那些上课积极回答问题的同学，对其他同学都不闻不问。这就是我讨厌他的原因。"

像隆隆这样对老师产生抵触心理的孩子，不在少数。

当孩子对老师或同学产生抵触心理时，家长首先要做的不是批评、责罚孩子，而应先了解孩子产生抵触心理的原因。比如，孩子讨厌某一位任课老师，很可能是因为老师教学方法不当、老师的偏心或某个行为刺痛了孩子。

家长要针对不同情况因势利导，并对孩子的这种抵触心理进行正确地引导。

那么，当爸爸妈妈发现孩子存在抵触情绪时，应该怎么做呢？

首先，要和孩子进行交流，让他在一个舒适、自由的环境下发泄心中的不满，平衡其心态。爸爸妈妈要做一个好听众，等孩子平复情绪后，再帮助孩子分析事情的利与弊，让孩子客观地看待自己的抵触心理。

如果抵触心理形成的主要原因在孩子身上，爸爸妈妈要帮助孩子认识到自己的错误，鼓励孩子尽快去改正。

如果是外在原因引起了孩子的抵触心理，比如老师的教学方式

不当,爸爸妈妈可以充当孩子的"代言人",跟老师提意见,请老师适当地改善一下教学方式和方法,使孩子更喜欢听课,让孩子在课堂上学到更多的知识。

另外,爸爸妈妈要注意一点:还要培养孩子的共情心,即"换位思考"——让孩子学会站在他人的角度思考问题,学会体谅他人、为他人着想。

如此做,不仅可以减轻孩子的抵触情绪,也能改善孩子和使孩子产生抵触心理的人的关系。

4. 没有原则性的孩子

坚持原则并不只限于日常生活中的小事,在大是大非面前,更应该坚持。很多时候,大错的铸成都是从小错积累而来的。

朋友张茜总是抱怨,说儿子乐乐的原则性实在是太强了:

在幼儿园看到哪个小朋友犯错了,他一定会大声地指出来;

回家的路上,要是看到地上有垃圾,他会捡起来丢进垃圾桶。要是看到哪个小朋友把垃圾扔到地上,他就会大步上前制止,并要求人家捡起垃圾丢进垃圾桶;

还有家里物品的陈设，哪个地方摆什么，他都记得清清楚楚，要是谁把东西弄乱了，他就要求对方按规定摆放好，或自己动手将其还原。

总之，乐乐就像一个"小监督员"，幼儿园的小朋友都觉得他管得太多了，所以都不太喜欢跟他玩。

张茜只看到小朋友因乐乐"爱管闲事"而疏远他，却没发现乐乐是一个有原则、守纪律的好孩子。

乐乐的做法是值得肯定和表扬的。

对于我们大人而言，为人处世既要有原则性，还要有灵活性，要做到方圆兼济。

笔直的树木不易形成荫凉，过于直率的人容易得罪别人。但是，在坚持原则的基础上，换一种方法来表达，方正中圆滑推进，既有利于自己，又有利于他人，既能达到自己的目的，又不会落下口实让人不满。

对于像乐乐这样因为坚持原则而不受伙伴欢迎的孩子，完全可以引导孩子采用这种方法来维护自己和伙伴之间的友好关系：

在路上看到小朋友乱扔垃圾，可以让乐乐先捡起来，然后再对乱扔垃圾的小朋友说："每样东西都有自己的家，垃圾的家在垃圾桶里，把它送回家跟爸爸妈妈、哥哥姐姐在一起它才会开心，可不能让它一个人在大街上吹冷风哭泣哦。"

这样委婉地表述，那个乱扔垃圾的小朋友应该不会再"记恨"乐乐了吧？

可是话又说回来，原则性太强的小朋友，往往又会陷入"墨守成规"的泥沼中。比如说家里的摆设，说不定摆在原先的那个位置并不是最好看的，将其挪到另外一个地方会更适合。

爸爸妈妈在肯定孩子坚持原则的同时，还要鼓励他们学会打破常规，充分发挥自己的想象力。比如，经常让孩子 DIY 家里的摆设，变换一下茶几的摆放方式，将几个房间的窗帘换一下，或者把柜子里的物品重新摆放一下。

坚持原则并不只限于日常生活中的小事，在大是大非面前，更应该坚持。

很多时候，大错的铸成都是从小错积累而来的。如果爸爸妈妈从小不培养孩子的原则性，在孩子犯小错的时候不及时地纠正、引导和教育，可能会将其推向罪恶的深渊。

殷强被警察带走时，妈妈哭得稀里哗啦。可是，现在哭有什么用？殷强犯了法，就应该受到法律的惩罚。如果殷强妈妈一开始就指出殷强的错误并帮他改正，他也不会做那些违法的事了。

殷强小时候很喜欢看魔术表演，而且他很有天赋，就跟着魔术师学了几招。他为了练习魔术技巧，做什么事都喜欢用魔术来做。妈妈觉得这是殷强的优点，所以也没有太在意。

可没想，殷强竟然用这个"优点"做起了顺手牵羊的事。妈妈带他去超市买东西，他顺手拿了好多零食回家；去菜市买菜，他也乘摊主不注意，把鸡蛋、西红柿等偷拿回家。

当殷强将这些"战利品"得意扬扬地拿出来向妈妈显示自己的身手时，妈妈觉得孩子还小，只不过拿了一点小东西而已，没有什么大不了的，就不痛不痒地说了几句。后来，殷强越偷越大，最终发展为入室偷盗而被捕入狱。

也许一开始殷强偷拿超市里的东西，只是想展示一下自己的"好身手"而已，并没有往"偷盗"方面想。可妈妈知道后，虽然没有鼓励但也不加以阻止、教育，而是"睁一只眼闭一只眼"，殷强才会一再练习"身手"，最后因犯法进了监狱。

很多爸爸妈妈都觉得，淘气的孩子更聪明，所以，孩子没什么原则性不要紧，经常犯点小错误也没关系。

其实不然。

再微小的错误也是错，且坏习惯的养成就是一个个小错误积累起来的。身为孩子的监护人，如果不把好关，不对孩子进行原则性教育，就等于"助纣为虐"，而等孩子犯下大错时再后悔就来不及了。

所以，家长一定要对孩子进行正确引导，切不可让孩子早早就丧失了原则。

5. 用孩子的思维理解孩子

用孩子的眼光和思维去观察和思考问题，才能跟孩子进行良好的沟通，才会跟孩子找到共同语言。

《小王子》里有一句很耐人寻味的话："大人怎么也不能明白我们的意思，而我们也懒得给他们解释。"

可是大人却又说："你们不解释，我们又怎么能明白呢？"

"你们大人总是用自己的思维方式来理解我们，当然不能明白我们的真正想法了。"这是高蕊在跟爸爸起冲突时说的一句话。

高蕊很喜欢看偶像剧《来自星星的你》，晚上做完作业就抱着平板电脑看，有时妈妈催她睡觉，她还推三阻四舍不得关掉。爸爸妈妈为此有些不悦。

这天，高蕊又打开平板电脑看《来自星星的你》，爸爸走了过来，说："又是些情情爱爱的故事吧？真不明白，这种肥皂剧有什么好看的，而且这也不是你这种年龄能看的。"

高蕊回头瞪了爸爸一眼，说："男主角特别帅，女主角特别美，而且剧情的发展又有吸引力，可好看啦！我们班女生都在看这部偶像剧呢！"

"你们十二三岁的女生就是爱幻想，什么'高富帅''白富美'，太不现实了！"爸爸一脸不屑，"最现实的是把书念好，考个好中学，将来上个好大学！"

"爸爸，爱幻想跟念书没冲突好不好？喜欢高富帅怎么了？那是一种审美价值观，既有幻想的成分，又有现实的成分！"高蕊有些生气了。

"审美价值观，什么意思？"爸爸第一次听到"审美价值观"这个词，不禁好奇地问。

"好吧，我就给你普及一下文化知识吧！"高蕊不耐烦地跟爸爸解释，"审美，用我们00后的话来说，就是喜欢美好的人或事，这里的'价值'特指物质。高富帅既符合我们的审美观，又符合我们的'价值观'，所以绝大多数女生都喜欢高富帅！"

"这都什么跟什么啊！"爸爸觉得高蕊的人生价值观有些扭曲了，就对她进行了一番教育。

高蕊却不接受这些教育，还跟爸爸争执起来，吵到最后，就蹦出了前文提到的那句话。

像高蕊这样，明确告诉爸爸妈妈自己的心中所想，即使得不到他们的支持，也会跟父母进行沟通，表达自己的真实想法，也给了父母了解她内心世界的机会。

只不过因年龄的差距和认知水平的不同，高蕊和爸爸的想法无

法达成一致，最后还变成了不欢而散的争吵。最重要的原因是，爸爸用自己的一套思维方式来审视高蕊的所作所为，两个人自然无法好好地沟通了。

要想了解并走进孩子的内心世界，父母就要放下"父母"的身份，承认自己和孩子有代沟。

由于父母和孩子存在时代、年龄、思维等差异，所以造成了彼此间的文化代沟。父母只有站在孩子的角度，用孩子的眼光和思维去观察和思考问题，才能跟孩子进行良好的沟通，才会跟孩子找到共同语言。

有些时候，真的需要听孩子讲讲他们所处时代的"文化知识"，让孩子给父母扫一下"盲"。

可是，有些性格内向的孩子，不善于向爸爸妈妈表达自己的想法。

雅雅就是一个性格内向的女孩，她跟爸爸妈妈的沟通仅限于每天吃什么、不吃什么，学校要交什么学杂费、交多少钱。

妈妈为了拉近和雅雅的距离，就注意观察她平时爱吃什么、看什么书，喜欢哪类电视节目，也会尝试接触她喜欢的事物。

雅雅喜欢看《爸爸去哪儿》，每周六晚上都霸占着电视机看。爱看言情剧的妈妈也坐在一旁陪她看，时不时地跟她聊几句。

刚开始都是妈妈主动找雅雅聊，时间长了，雅雅好像被打开心房一般，就算不是在看节目，平时她也会主动找妈妈聊有关该节目的内容。母女俩因为找到了共同话题，感情突飞猛进，很快便成了一对"闺蜜"。

雅雅妈妈的这种做法就是站在孩子的角度，去理解、走近孩子的一个好方法。陪孩子一起看她喜欢的电视节目，从电视节目中找话题跟孩子聊，聊着聊着，就将孩子的心门打开了。

一旦用孩子的思维去看待问题、思考问题，和孩子之间的距离还会远吗？

有的爸爸妈妈想跟孩子更好地沟通，就去了解孩子的兴趣爱好，但却怎么也找不到打开彼此话匣子的方法。因为孩子根本就不愿意和父母交谈，总觉得父母难以理解他们的真实想法。

遇到这种情况，父母又该怎么办呢？

这时，父母可以跟孩子玩一个"变换身份"的游戏——在某个特定的时间段里，让孩子做一回家长，自己做一回孩子。

父母在扮演"孩子"时，可以主动跟孩子扮演的"父母"聊一些自己的心事，说说自己对某人某事某物的看法，最好把自己的烦恼也告诉他，让他知道你是多么信任他。

当孩子感受到父母的爱与信任，必定也会对父母产生信任，等到身份变回去的时候，孩子和父母的关系也会大大拉近。

眼睛虽然小，可它容纳的是一个大世界。我们只有站在孩子的立场去看世界，才会找到跟孩子对话的角度，才能了解孩子的兴趣爱好，进入孩子的内心世界。

6.寻找孩子不听话的原因

爸爸妈妈在给孩子制订要求时，一定要充分考虑孩子的意愿、承受能力和接受能力，定的要求过高或是违反了孩子的意愿，那不是逼孩子不听话吗？

萌萌做事喜欢半途而废，上一秒还在玩积木，下一秒就丢下散落一地的积木看起了动画片。

爸爸生气地说："萌萌，你自己把玩具收拾好，否则就不许看动画片了。"

萌萌理直气壮地说："我有什么时间收拾玩具的决定权。"

爸爸气得关掉了电视，命令萌萌去收拾积木。

萌萌大叫着说："你们谁也不能干涉我的自由，我有权选择先看电视还是先收积木！"

类似的事件实在是太多了，爸爸妈妈对萌萌的"不听话"也是无可奈何。

不过说真的，萌萌说得也没错啊，她作为一个独立的"个体"，确实具有决定权和选择权——她跟爸爸据理力争，也只不过是维护自己的权利而已。但是，父母为什么会觉得她不听话呢？难道说爸爸对她的要求不合理吗？

也许在我们大人看来，做事不应该半途而废，要有始有终。但是在孩子看来，两件事可以交叉来做，前面的事完成一半后去做另外一件事，最后再将之前剩下的一半完成也是一样的。

这也就是说，萌萌玩积木时动画片播放了，她可以先看动画片，等动画片演完后再继续玩积木或者收拾玩具。这样做有何不可呢？

客观来看，萌萌不听爸爸话的很大原因，是因为爸爸给萌萌制订的要求和萌萌的想法有出入。因此，爸爸妈妈在给孩子制订要求时，一定要充分考虑孩子的意愿、承受能力和接受能力，定的要求过高或是违反了孩子的意愿，那不是逼孩子不听话吗？

丹丹跟萌萌一样，也是个"小大人"，思维敏捷、说话利索。不过，丹丹每次跟妈妈争辩都会以失败告终。这到底是怎么回事？

周末，妈妈要带丹丹去奶奶家玩，让她赶紧换好衣服出门。丹丹却说："为什么要快啊？奶奶家在那儿又不会跑。"

"奶奶家是不会跑，但是奶奶会等得着急啊！"妈妈如是回应她。

"妈妈不是常说做事要有耐心吗？"丹丹继续对妈妈发难。

"妈妈也说过，特殊情况例外。"妈妈淡定地回应。

"可是奶奶总说，'慢慢来，不着急，不着急'啊！"丹丹还是不放弃顶嘴。

"你也知道，你一两周才回去看奶奶一次，她嘴上说不着急，可是心里不知有多着急，希望你早点到呢！你忍心让奶奶站在门口吹着冷风等你吗？"

妈妈说到这儿，丹丹自知不管再找出多少理由来为自己的拖延开脱都没用了，因为她说的每一个理由在妈妈眼里都不是理由，只好缴械投降了。

丹丹本来有自己的一套理论和思想，但是在妈妈巧舌如簧的反击下，最终还是乖乖听妈妈的话了。

爸爸妈妈对孩子的态度和对孩子不听话的回应方式，会直接影响孩子听不听话的结果。

孩子不听话，无非有三个原因：一是爸爸妈妈让孩子做的事在孩子看来是不合理的，因为他们心中自有一套标准；二是爸爸妈妈让孩子做的事是他们做不到的；三是孩子不愿意去做爸爸妈妈安排的事，因为即使做好了也得不到半点好处。

这里的好处，指的就是奖励。

曾在某个幼儿园看到这样两个场景：

场景一：老师在给小朋友讲"孔融让梨"的故事，讲完之后端出来一盘梨子，让全班最小的一个小朋友先选。

这位小朋友挑了一个最大的梨子，于是，老师就对他进行了严厉的教育。

场景二：绘画课上，老师让小朋友安安静静地坐在自己的座位上画画。起初的 10 分钟，小朋友都很认真，个个都低着头画画，谁出不出声。

但是 10 分钟之后，就有几个小男生忍不住了，开始跟身边的小伙伴说话，过了一会儿，班里的大多数人都喊喊喳喳地说个不停。老师觉得小朋友都很不听话，就惩罚了他们。

就算 4 岁的孩子能听懂"孔融让梨"的故事，但是要他马上做到，是不是有点苛刻了呢？小孩子好动是天性使然，让他们静静地坐一节课，怎么可能呢？

大人在给孩子下命令之前，请先考虑一下，哪些事是孩子能做到的，哪些事是不能做到的。要求孩子去做他们难以完成的事，孩子又怎么可能听话呢？

对此，父母可以设立奖励制度——奖励会使人变得积极、乐观、自信和上进。

对孩子来说，最好的奖励就是和爸爸妈妈在一起做游戏，一家人其乐融融。父母可以将周末集体出游作为"奖品"，来鼓励孩子完成一些他们本不愿意做的事，这对孩子的成长也有助益。

7. 什么样的孩子需要点强制性

我们生活在一个复杂又时刻发生着变化的社会，孩子的自控力那么弱，如果爸爸妈妈不拿一些条条框框来约束、管教孩子，他们怎么能立足于社会呢？

十年树木，百年树人。每一个孩子的成长也都有一个期限，"好孩子""乖孩子"的好性格养成需要一定的时间。

身为孩子的监护人和引导者，一旦发现孩子开始偏离了健康成长和发展的轨道时，就要采取强制手段对其进行管教，帮助他们在今后的人生中建立正确的世界观、人生观和价值观，帮助他们更好地成长和成才。

身边有很多这样的朋友，一开始怀孕的时候，就整天在设想孩子的未来，计划要让孩子学这学那，甚至还列好时间表，几岁时要送去哪个国际学校学些什么。

可当孩子出生以后，父母明显发现，照顾他们的健康成长都很艰难，更别提培养孩子成为栋梁之才了。于是，他们对孩子的关注点就从"成才"变成了"健康成长"。

为什么前前后后才几年的时间，父母就有了这么大的心理变化呢？原因只有一个：孩子真的是太难管教了。

我们生活在一个复杂又时刻发生着变化的社会，孩子的自控力那么弱，如果爸爸妈妈不拿一些条条框框来约束、管教孩子，他们怎么能立足于社会呢？

东子本来跟爷爷奶奶生活在乡镇上，后来被爸爸妈妈接到了大城市里生活，从电视、网络等媒体接触到了更新的观念和更多的知识，也接触了越来越多的人和事，这让他的想法和思维也开始活跃了起来。

之前在乡村学校，东子每天放学后只能回家，可来到城市以后，他放学就会跟同学一起去网吧玩游戏，还认识了一些不良社会青年，一到周末就跟这些青年到处去晃荡。

爸爸妈妈发现了东子和不良青少年为伍，害怕儿子会沾染上一些坏习惯，当即对其进行了严格管教，及时阻止他继续跟那些人往来。

为了从根源上解决东子的问题，爸爸妈妈给他买了一台电脑，还帮他做了一个未来规划——东子喜欢玩电脑，对电脑软件的开发也比较感兴趣，所以爸爸妈妈就引导他多学习这方面的知识，希望他今后能往这方面发展。

生活环境的变化让东子长了见识，同时也让他接触到了一些负面因素。对于东子的这种情况，爸爸妈妈就要用强制手段对其进行

管教，引导他走向健康的成长之路。

从5岁开始，每到假期爸爸妈妈就会带祥子去旅游，因为爸爸妈妈觉得，读万卷书不如行万里路。

可是，自从祥子上了中学后，爸爸妈妈的工作越来越忙，根本无暇再带他去旅游。不过，妈妈会给他报一些少年旅行团，和同龄的小伙伴去夏令营。

本来爸爸妈妈这么做是为了让他增长见识，没想到他却越来越贪玩，后来还买通保姆替他保守秘密，经常乘爸爸妈妈出差不在家时，跟老师请病假偷偷约网友去外地旅行。

次数多了，老师发觉不对劲，跟他的爸爸妈妈联系后才知道了真相。

爸爸妈妈恨铁不成钢，只好对祥子采取强制手段——封锁他的经济来源，认为没钱了他自然也就没法再出去。

对于祥子这种不好好读书，整天撒谎瞒着父母、老师出去玩的孩子，要是不采取一些强制手段进行管教的话，恐怕再大点会连书都不想读了，到时就难以管教和挽回了。

父母既然给予了孩子生命，就要对孩子生命的长度、深度和广度负责。

小梅今年刚上初一，就和一个15岁的"高富帅"谈起了恋爱。

爸爸妈妈发现后，苦口婆心地劝她，说她年纪还那么小，应该好好学习，不应该把时间和精力浪费在早恋上。

可小梅却说，多少女生想找个"高富帅"男朋友都找不到，她遇到了就要好好把握。如果爸爸妈妈反对他们在一起的话，她就退学，反正男朋友家里那么有钱，养得起她。

小梅才 13 岁啊，男同学也只不过 15 岁。十几岁的孩子为了所谓的"爱情"就要退学，任哪个家长都不会同意吧？

爸爸妈妈见劝说无效，只好采取强制措施：每天护送小梅上学，放学又按时去接她，尽量避免让她有时间和机会去跟男同学约会。另外，他们还私下找到那位男同学沟通，让他们以学业为重。

可怜天下父母心啊！为了孩子的将来能够一片光明，为了孩子能够一生幸福，用强制手段来管教孩子也未尝不可。

但在此之前，还是要先和孩子进行沟通。如果无法通过沟通解决问题，再采取强制手段，同时父母还要注意方式方法，切不可过度强硬。

8. 没有自控力的孩子，需要父母的控制

如果孩子没有或缺少自控力，就会失去或是缺少一定的原则性。如果不及时加以纠正的话，孩子将来有可能会控制不了自己的行为能力而违反了社会规则，对自我的成长和发展极为不利。

中国家庭教育学会理事陈会昌曾问过大家这样一个问题："孩子的智商和自我控制力，哪一个会影响将来生活幸福的程度？"

大多数人都会毫不犹豫地回答："智商！"

但正确的答案是："自我控制力。"

澳大利亚教育专家莫尼卡·屈斯克利博士曾经设计了一个关于跨区域儿童自控力的实验：在孩子面前放两盘巧克力，一盘多一盘少，只要孩子能忍耐 15 分钟不按铃找实验人员要巧克力的话，就可以得到多的那盘。忍耐不了的话，就只能得到少的那盘。

这项实验延续了 7 年，实验的结果是，参加实验的 3~4 岁的上百名中国孩子中，只有不到 20% 的孩子忍耐了 15 分钟，超过 80% 的孩子忍不了几分钟就按铃向实验人员索要巧克力。而来自澳大利亚的孩子中，有 66% 以上的孩子都得到了那盘多的巧克力。

这说明了什么？说明我们中国孩子的自控力真的是太不容乐观。可是，自控力对孩子的成长乃至成功又有着不容忽视的地位，家长该怎么办呢？

一句话：父母控制和父母培养。

岚岚在读初中之前是和爷爷奶奶一起生活的，爷爷奶奶的年纪有些大了，对她的管教有些力不从心。

岚岚就像是一匹脱缰的野马，想做什么就做什么，学习不积极，作息时间不固定。等爸爸妈妈把她接回家时，才意识到她完全没有自控能力，生活和学习一团糟。

爸爸妈妈为此对岚岚进行重点"控制"和"保护"，制订了一系列的计划帮助她改变坏习惯，以培养她的自控能力。

首先，培养岚岚积极正确的学习态度。

岚岚自控力不强的最显著表现就是不爱学习。放学回到家，她不是上网玩游戏就是看电视，常常完不成家庭作业，甚至有时连课都不想去上，假装发烧跟老师请假。

对于一个孩子的成长来说，学习是最重要的。一般自控力差、不喜欢学习的孩子，对玩的兴致是非常重的。所以，爸爸妈妈对岚岚制订了一些奖励计划。

比如，每天按时上学，放学回到家积极完成作业，如此坚持一个月，周末就带她去周边的景区游玩。要是能坚持半年，就带她去省外旅游。但是，如果她做不到，周末和假期就只能被关在家里复

习功课，且电脑和电视都不能看。

如此看来，只要岚岚按照爸爸妈妈的要求坚持一段时间后，就会慢慢养成好习惯，就能把她"不爱学习"的坏毛病给纠正了。

其次，培养岚岚良好的作息习惯。

爸爸妈妈给岚岚制订了一张作息表，要求她严格按照上面的时间点来生活。比如说，放学回家必须先写作业，晚上十点前务必要睡觉，要是做不到就要受到惩罚——惩罚方式有扣零花钱、减少娱乐时间等。

爸爸妈妈给岚岚制订的计划表中，周六日是自由时间，岚岚可以进行自由活动，去公园玩、找同学聚会等。但是，如果周一到周五岚岚出现"违约"情况，那么周末就不能出去玩。

为了能获得周末的自由时间，岚岚每天放学回家都按计划表执行，先写作业、复习功课，再读一篇课外读物，然后再看一会儿电视或玩游戏。

再次，爸爸妈妈还培养岚岚的兴趣爱好。

爸爸妈妈跟岚岚进行了一次深入的沟通，了解到她很想学芭蕾舞，妈妈当即就给她报了班，每周一、三晚上和周六全天去学习芭蕾舞。

这让岚岚有了目标和追求，使她对自己的人生开始有了规划，不再像以前那样浑浑噩噩、得过且过了。

爸爸妈妈告诉她，如果她跳得好的话，可以去参加比赛，可以在大舞台上表演，那是一件多么光荣的事啊！

为此，岚岚不仅风雨无阻地去上芭蕾课，为了有更多的时间练习芭蕾舞，她都不玩网络游戏和看电视剧了，将娱乐时间都腾了出来。如此一来，她的学习效率也慢慢得到了提高，周末也不总闹着出去玩了。

最后，多让岚岚接触新鲜事物。

到了寒暑假，爸爸妈妈会让岚岚去参加一些夏令营或冬令营活动。让岚岚多参加这些活动，不仅能增长见识，还能提升她的独立能力和社交能力。

据《环球时报》报道："在德国，不管是家长、学校还是社会都把'主宰自己'的自控能力看作孩子走向成功的关键因素。"在德国，培养孩子的自控力是从娃娃抓起的。

自控能力是个人社会化的一个重要表现。

如果孩子没有或是缺少自控力，就会失去或是缺少一定的原则性，如果不及时纠正的话，孩子将来有可能会控制不了自己的行为能力而违反了社会规则，对自我的成长和发展极为不利。因此，家长培养孩子的自控力是非常有必要的。

第 三 章

厌学情绪：孩子学习需要父母的博弈

　　这是一个竞争的社会，知识就是力量，只有知识才能够改变命运。而知识怎么来？靠的就是学习！

　　学习是孩子成长过程中最亲密的伙伴，身为孩子的监护人，你必须尽一切努力督促他好好学习，使他将来能更好地立足于社会，更好地发展自我，成就自我。

1.孩子讨厌学习，就像大人讨厌上班

每一个孩子都有自己的长处和短处。家长要多注意观察，找到孩子的长处加以表扬和鼓励，让其树立起自信，然后再将他们往好学的方向引导。

有人说，孩子讨厌学习，就像我们大人讨厌上班一样。

确实，现在越来越多的人讨厌上班了，为什么呢？原因有很多，比如工作模式固定，工作内容变得越来越枯燥；工作时间久了，惰性来了；工作压力太大，心理承受不住了，等等。

孩子厌学的心态跟大人厌班的心态还真是有点像，不过也有其自身的特点。

孩子厌学的原因大致有三大类：

一、自身的因素

有的孩子从小学习成绩就不优异，他们觉得"读书、学习"是一件吃力不讨好的事，所以就对学习失去了兴趣。

二、社会的因素

有的孩子受到"读书无用论"等社会不良风气的影响，觉得好

好学习考上了名校又能怎样？毕业之后还不是人人都在"拼爹"，拼不了爹的孩子还读什么书，不如早早步入社会赚钱得了。

三、家庭的因素

有的孩子父母离异，没有了家这个温暖的港湾，没有了父母细心的关爱，使他们慢慢滋生了偏激心理，于是开始自我放纵，经常出入网吧、游戏厅等娱乐场所，将学习之事抛诸脑后。

对于孩子厌学，家长该采取怎样的措施呢？

在网上看到这样一个故事：曲蕊从小就爱挑食，由于妈妈没有太在意，所以导致曲蕊出现了厌食症。妈妈看着曲蕊每顿饭都吃得很少，就想给她好好补一补身体，做了一大桌子好吃的，有红烧肉、水煮鱼、爆炒腰花。

曲蕊放学回到家，看着一大桌子荤菜顿时没了胃口，垂头丧气地说："妈妈，我不想吃了。"

妈妈很是生气，对曲蕊说："你顿顿不吃饭想干吗呀？将来你要是贫血，妈妈可不管你！"

原本妈妈只是想吓唬曲蕊一下，可她冰冷的态度让曲蕊觉得妈妈不爱自己了，眼泪扑簌簌地往下掉。

试想一下，如果妈妈可以压住自己的怒火，问清女儿想吃什么，给她做一些合胃口的饭菜，相信母女俩就不会发生这场冲突了。

对待厌学的孩子就要像对待厌食的孩子一样，不能过度批评和指责。家长越是加以批评、指责，反而会让孩子更加讨厌学习。

那么，家长到底该怎么帮助孩子解决厌学的问题呢？

一、要帮助孩子建立自信心

学习成绩不好的学生很多都缺乏自信，他们觉得不管自己多么努力，成绩也不会有所提高。在这种心态的影响下，孩子就会变得厌学。

对于这样的孩子，务必要先帮助他们建立自信，才能够将他们厌学的心理慢慢地剔除掉。

每一个孩子都有自己的长处和短处，家长要多注意观察，找到孩子的长处加以表扬和鼓励，让其树立起自信，然后再将他们往好学的方向引导。

希希的成绩不怎么好，但是他的记忆力很好。一节语文课上，老师给同学们十分钟的时间阅读一篇文章，之后回答老师的提问。

希希第一个举手，他不仅把老师提的问题都答对了，而且还流利地把该篇课文给背了下来。老师当即给他封了一个"背诵大王"的称号，并且鼓励他，让他将自己的"好记性"用在各个科目上，这样成绩一定会有所进步。

结果真的如老师所愿，希希的成绩突飞猛进——因为在老师的鼓励下，在同学们羡慕的目光下，他找到了自信，学习起来不再那么吃力了。

二、要耐心引导

如果发现孩子不太喜欢学习课本知识，爸爸妈妈可以让孩子多参加一些课外活动，多创造一些让孩子展示自我的机会，对孩子做

得好的地方要大力表扬和鼓励，让他们品尝到成功的喜悦，然后再适时地教育他们。

比如，如果科学文化知识学得好的话，会获得更大的成功，得到更多的表扬。通过感受成功的喜悦，慢慢地培养孩子的学习兴趣，让孩子从课外活动回到课堂活动上来。

当然，引导孩子一定要根据孩子的兴趣来引导，千万不可以强迫孩子。

三、给孩子定一个小目标

成绩不好的孩子，因为基础差，学习信心不足，常常会把学习中遇到的困难放大，所以心情会比较沉重。

家长切不可急于求成，不能要求孩子立马补回落下的所有课程，不要让孩子产生焦虑感，而要给孩子一点时间去"追赶"，尽量帮助孩子放松心情，减轻压力。可以先帮孩子设定好分阶段的小目标，让孩子一点一点慢慢地赶，一步一个脚印慢慢地追。

四、和孩子一起学习

由于孩子的自我约束能力较差，有时间的家长可以在晚上和周末陪着孩子一起读书、写作业，这除了能让孩子感受到父母浓浓的爱之外，对孩子也会起到一定的榜样作用。

五、目标倾斜法

专家提出，通过"目标倾斜法"可以治疗孩子的厌学症，提高孩子的学习效率。

目标倾斜法即"不管课业有多难攻克，只要前方有孩子所期待的东西，他们就不会觉得难受或痛苦"。换句话说，就是给孩子建立一个"激励制度"。

孩子只要按时完成了一定的课业任务，就会得到一些奖励。但是，这些奖励必须是孩子所期待的、喜欢的，不然也只是徒劳。

2. 学习是一种兴趣的培养

兴趣可以推动孩子去探索新的知识，发展新的能力，是打开孩子心灵和智力的一把钥匙。

经常听到周围的朋友抱怨自己的孩子不爱学习，有的孩子甚至还出现了厌学情绪。

如果把学习当成一种"兴趣"培养，那是不是就可以避免这类事情的发生了？

兴趣可以推动孩子去探索新的知识，发展新的能力，是打开孩子心灵和智力的一把钥匙。

兴趣是学习的动力，是点燃智慧的火花。学习要是成为孩子的"兴趣"，能使孩子产生积极的心态，使他们学习起来会更主动。反之，则会成为他们沉重的负担。

可是，我们要怎样做才能用好这把钥匙呢？

在同学眼中，丽莎是一个"学习狂"——自由活动课，同学们在操场上玩的时候，她就去图书馆看书；课间十分钟，同学们都在走廊上嬉闹，她去老师办公室问问题；放学后，同学们相约一起去做游戏，她不是去书店看书，就是赶紧回家做作业。

大家都很好奇，为什么丽莎这么爱学习？原因是，她受到了爸爸的影响。

丽莎的爸爸是位大学老师，自打她记事开始，她就总是看到爸爸在书房里看书和写字。即使一家三口出去旅游，爸爸也会随身带着书，不管是在飞机上、火车上还是轮船上，爸爸都会把书拿出来翻看。

爸爸时刻都与书本为伴的情景深深地烙印在了丽莎的脑海里，所以，她才会成为一个超级爱读书的好孩子，学习才会成为她最主要的兴趣。

爸爸妈妈是孩子最好的榜样，要想孩子把学习当成"兴趣"，家长先要自己做到。像丽莎的爸爸那样，用自己的行动告诉孩子，读书和学习是一件多么快乐的事！

除此之外，爸爸妈妈爱问为什么，爱跟孩子一起去寻找"为什么"的答案，也能带动孩子乐于去徜徉学习的海洋。

荣荣爸爸在郊外租了一小块地，并种植了一些蔬菜。

每逢假期，爸爸就会带荣荣到这块小菜地去施肥、浇水、捉虫子。后来，爸爸还在菜地旁边搭了个棚子，让荣荣邀请一些同学、朋友一起来烧烤，或者是一起到附近的村庄去钓鱼、踢球。

有时爸爸还会带着荣荣去附近的山村里转，看那些农民伯伯是怎么劳作、生活的，也看山村里的如画美景。

每年暑假，爸爸还会带着荣荣去比较远的地方游玩，观览日月星辰、山川河流，让荣荣近距离接触大自然，引起他对大自然的好奇，再引导他将这些好奇心用于学习上。

这些不仅开阔了荣荣的视野，也提高了他的学习兴趣。

每次爸爸让利利认真看书或是做作业，他都会说："家里太吵了，我静不下心！"

利利家之所以吵，是因为有点耳背的爷爷每天从早到晚都在看电视，把声音开得很大。而奶奶则喜欢练太极，每天不定时在家放音乐练习。

起初爸爸不以为意，觉得利利是在为自己不爱学习找借口。后来因为利利常常不交作业，爸爸被老师叫到了学校，这才得知他不做作业的原因——就是因为家里太吵了，他真的无法静下心来好好学习啊！

培养孩子把学习当成兴趣，给孩子营造一个舒适、安静的环境进行学习，也是非常必要的。

松松妈妈也是松松的数学老师。近来，她发现松松越来越不喜欢学习了，上课总是走神，有时还打瞌睡。

妈妈问他，为什么上课的时候不专心听讲？松松说，妈妈讲课太枯燥了，听着听着思绪就飞走了——因为注意力不集中，时常觉得头脑发胀，昏昏欲睡。

松松的话让妈妈有些难受，不过很快她便调整了情绪——从自己讲课的方式和内容找原因。后来她在网上看到了一个有关"创设问题情境"的教学方法。

比如，在"三角形面积的计算"这一节课上，老师可以设计两个图形，一个是平行四边形，另一个是三角形，让同学们比较一下它们的面积，观察一下它们的大小并分组讨论，让大家各抒己见，使整个课堂的气氛变得活跃起来。

同学们都争着讨论，急着找答案，激发了他们的好奇心以及学习新知识的强烈兴趣——他们哪里还有时间和精力去想别的，更加不会做瞌睡虫了。

好奇是上天赋予孩子最好的礼物，而兴趣是孩子最好的老师。"创设问题情境"教学法可以调动孩子的思维能动性和积极主动性，使孩子学在其中，也乐在其中。

为了更好地培养孩子的学习兴趣，爸爸妈妈可以跟学校的老师进行沟通，实现"家校合作"，让老师仿效"创设问题情境"的教学方法来调动孩子的学习积极性。

3. 不要总说别人家的孩子好

"望子成龙、望女成凤"是每个家长最大的心愿，所以在看到别人家孩子的长处时，难免会产生一定的羡慕、嫉妒心理，会拿自家的孩子跟其他孩子比，希望以此来督促孩子往更好的方向发展。

妈妈带健健去参加她的同学聚会，跟几位家长坐在一起闲聊时，她是一口一个张阿姨家的乐乐钢琴过了几级，怎么怎么的优秀；王阿姨家的欣欣唱歌唱得多好多好，得了什么什么奖——而她家的健健怎么都比不上他们。

健健听后小脸涨得通红，感觉大家看他的眼神都怪怪的，恨不得立马找个地缝钻进去，再也不出来。

回到家，健健生气地问妈妈，为什么在同学面前那么贬低自己啊，自己明明经常拿本市奥数比赛的第一名，难道这些不算优秀，比不上乐乐和欣欣吗？

妈妈说，跟朋友聊天的时候，赞美别人家的孩子只不过是一种社交手段，并不代表自己的孩子真的不如他们。

健健的优秀，妈妈是看在眼里，乐在心里，有时跟好朋友一起

吃饭聊天，也会美滋滋地赞美健健。

在大多数父母的心里，自己的宝贝儿子、女儿才是最优秀的孩子。不过，在下面这两种情况中，父母也会当着别人的面夸奖别人家的孩子而贬低自己的孩子：

一、自谦

几对父母坐在一起时，大家常常会赞美对方的孩子多么优秀，而自己的孩子远不如对方。我们可以把这看成是一种谦虚行为，不过这样的谦虚很难得到孩子的认可。

孩子的心思没有大人那么复杂——他不理解为什么为了表示谦虚，父母要故意赞美别人的孩子。

孩子认为，他做得好，就该得到妈妈的赞美，不管在什么场合，跟什么人聊起都值得赞美，而不是做别人的陪衬，为了突出别人的好而贬低自己不好。

二、鞭策、激励孩子

在家里，父母当着孩子的面经常说别人家的孩子多优秀，目的在于鞭策和激励他向"好孩子"学习，赶超"好孩子"。

这是中国传统的教育方法，被称为"中国式教育的鼓励方式"。但是，这种教育方法有益也有弊——对心态好的孩子来说，这样的鼓励可以成为一种积极的动力；对心态较差的孩子来说，也可能形成一种心理压力。

网上流传这样一个段子："从小我们就有一个竞争对手，他学习比我们好，长得比我们好看，人也比我们聪明。他的名字叫作'别人家的孩子'。"

"望子成龙、望女成凤"是每个家长最大的心愿，所以在看到别人家孩子的长处时，难免会产生一定的羡慕、嫉妒心理，会拿自家的孩子跟其他孩子比，希望以此来督促孩子往更好的方向发展。

愿望是好的，但现实是残酷的。

其实，每一个孩子都希望自己做得好，都希望自己是优秀的，给爸爸妈妈"长脸"，可有时自己却力不从心。

有些孩子在学习成绩方面不管怎么努力都不如别人，但是在运动、音乐等方面就有其特长。爸爸妈妈应看到孩子的长处，不要用孩子的短处去跟别人家孩子的长处相比，且这种比较是完全没有意义的。

斯坦福大学心理学家亚历山大曾说："大多数人都不容易看到别人的'不好'，因此，总觉得自己活得没别人好。"

别人真的就那么好吗？不见得，只是我们看不到他们的不好而已。所以，正如海伦·凯勒曾说的那样："面对阳光，你就把影子留在了身后；背对阳光，你永远沉默在阴影之中。"

家长要多想想自己孩子的优点，多给孩子一些积极的心理暗示，不要一味地拿别人家孩子的长处和自家孩子的短处相比，这只会挫伤孩子的自尊心和积极性，使孩子失去信心，不利于孩子健康成长。

总拿"别人家孩子的好"来比较，最终想得到的结果就是自己也像"别人家的父母"那样。其实，想要获得幸福、和谐的家庭气氛并不难，关键就是要发现自己家庭的优势，学会满足。

有关专家建议，与其去看别人光鲜亮丽的幸福，还不如去看别人为了使自己的孩子获得优异的成绩付出了多少辛勤的汗水，别人的孩子又为此付出了多少艰辛的努力。

另外，家长也要换个角度想一想，与其一味地赞美别人家的孩子而抱怨自己的孩子，还不如将这种抱怨转化为希望的动力，好好地想一想，怎样才能让自己的孩子做得比别人家的孩子更好。

比如，面对孩子总爱玩网络游戏不爱学习的情况，不要拿隔壁家谁谁谁的孩子不爱玩游戏只爱读书之类的事情来"激励"孩子，而是好好地想一想，为什么孩子那么喜欢玩网络游戏却不爱学习，以及要怎样做才能让孩子改掉这个坏毛病？

当你把所有心思放在思考问题和解决问题上，还会有空去说别人家孩子的好，而抱怨自家孩子的不好吗？

4. 不要限制孩子看课外书

　　学校教育是孩子获得知识的主要途径，但不是唯一的途径，因为学校教育无法做到面面俱到、无所不包。所以，我们得给孩子开辟其他汲取知识的渠道，而课外阅读就是最好的"帮手"。

　　家长辛辛苦苦赚钱供孩子读书，为的不就是有一天孩子能够展翅高飞，自由自在地翱翔在广阔的世界之上吗？所以，孩子的世界不应该只有教科书。

　　世界真的很大，学校真的很小，教科书的世界更加微小。

　　从小培养孩子独立阅读、独立思考的良好习惯，对开阔孩子的眼界，完善孩子的心灵世界是大有益处的。让孩子阅读大量的课外书，是增强孩子阅读能力的重要途径。但是，有些父母会因为种种原因限制或者禁止孩子阅读课外书。

　　钟宏喜欢看科普书，课余饭后总会捧一本科普书认真阅读。

　　爸爸对此很不满，觉得他这是在浪费时间，应该把看科普书的时间都用在看教科书上。父子俩因为这事闹得很不愉快。

钟宏认为，他看科普书是在完成了作业、做好复习和预习功课之后，一来自己没有占用学习课本知识的时间，二来了解科普知识也是一种学习，所以他不觉得这是在浪费时间。

但是，爸爸始终持反对意见。为了让钟宏改掉这个在爸爸眼中是"坏习惯"的行为，爸爸把他所有的科普书都收了起来。

钟宏发现了之后，跟爸爸大吵一架，从此之后他上课不专心，作业不认真完成，一放学就去图书馆借课外书看，导致学习成绩一落千丈。

爸爸大发雷霆，认为钟宏是因为阅读了课外读物才导致学习成绩退步的，于是采用了各种方法去阻挠钟宏看课外书。

钟宏的学习成绩下降了，真的是因为看课外书而无心学习导致的吗？其实不然。

钟宏常常在完成作业之后看课外读物，这并不是什么坏事，而是一件好事，应该得到家长的支持。

但是爸爸并不支持，也正是因为爸爸的反对——把钟宏的科普书都收了起来，他才会跟爸爸赌气，故意上课不听讲、课后不好好做作业，导致学习成绩下降的。

钟宏学习成绩下降的原因是爸爸的不理解和不支持，激发了他的叛逆情绪，所以他才通过故意不好好学习进行反抗。

黄天宇喜欢看小说，尤其是金庸的武侠小说。为此，他去图书馆办了一张借书卡，经常借武侠小说来看。

妈妈不反对黄天宇看课外书，但反对他看武侠小说，她认为看武侠小说无法增长见识，是浪费时间的行为。所以，黄天宇只好等关灯后躲在被子里用手电筒照着看，或者是在课堂上偷偷拿出来看。

一次化学课上，黄天宇又偷偷看起武侠小说，没想到却被老师逮个正着。

妈妈被老师请到了学校，当得知黄天宇居然上课不好好听课偷看武侠小说时，她暴跳如雷，回到家不仅把所有的武侠小说给撕了，还把黄天宇打了一顿。黄天宇哭着躲进了房间里。

像黄天宇妈妈这样，为了阻止孩子看武侠小说，甚至动用"武力"的家长不在少数。

不可否认，爸爸妈妈阻止孩子看课外书，其目的也是为了孩子好——不想因为孩子阅读课外书占用大量的学习时间，而是希望孩子能把更多的时间用在学习上，同时也担心一些具有不良因素的课外书影响到孩子的学习成绩和身心发育。

客观来说，爸爸妈妈的担忧也不是没有道理，只不过这些担忧都是多余的。对于那些因为痴迷于读课外书而影响了学习的孩子，父母是可以加以引导的。

多读一些课外书，不仅有利于提高孩子的写作水平，还能让孩子学到很多课本以外的知识，增长见识——因为课外书可以对教科书的内容进行补充。

不过，父母担心孩子的思想发育不够成熟，明辨是非的能力还

有所欠缺，故尚未形成成熟的读书观，一些课外书孩子看了之后会影响他们的成长，这就需要父母在尊重孩子的基础上，根据孩子的喜好引导孩子选对课外书。

父母在引导孩子选择课外书时，可以根据孩子的年龄推荐一些优秀的课外读物，要注意知识性与趣味性相结合。如建议孩子多看一些名人传记，给孩子树立榜样，让孩子接受成功励志的熏陶；可以让孩子读一些古今中外的经典名著和科普书籍等，增长孩子的见识。

另外，父母一定要明确地告诉孩子，哪些课外书对他的成长不利不宜看，哪些可以看，以此来帮助孩子提高明辨是非的能力。

关于"看课外书会分散学习教科书时间"的问题，家长可以为孩子制订一个阅读时间表——专门留出看课外书的时间。

比如，放学回家后让孩子先把功课做完，之后让孩子看一段时间的课外书，或者可以根据当天作业量的弹性，来增减孩子阅读课外书的时间。

只要家长和孩子将学习课本知识和课外阅读的时间调配得当，阅读课外书不但不会影响孩子的学习成绩，反而可以帮助孩子学到更多知识，拓展孩子的视野。

学校教育是孩子获得知识的主要途径，但不是唯一的途径，因为学校教育无法做到面面俱到、无所不包。所以，我们得给孩子开辟其他汲取知识的渠道，而课外阅读就是最好的"帮手"。

此外，家长还要培养孩子的"新学习能力"，即孩子在正式学习或非正式学习环境下自我求知、做事、发展的能力；观察和参与新的体验，把新知识融入已有的知识，从而改变已有知识结构的能力；以快捷、简便、有效的方式获取准确的知识和信息，并将它转化为自身能力的本事等。

5. 与孩子一起学习吧

和孩子一起学习，彼此间既存在着相互竞争的关系，又存在着相互合作的关系，对孩子来说，这是一种更好的激励方式。

父母是孩子的第一任"老师"，也是最好的老师。孩子不管是在课业上遇到了什么难题，还是在日常生活中想到了什么问题，最先想到的就是去问爸爸妈妈，请他们帮忙解答。

可有的时候，爸爸妈妈面对孩子的提问，会表现得焦躁不安，因为他们也不知道正确答案，或者明知道答案，却不知道该怎么跟孩子解说。

在孩子心目中，父母就是像"超级英雄"一样的存在，他们无所不能。所以，当孩子向父母提问时，父母支支吾吾难以解答不仅

尴尬，还会让孩子感到非常失落。

　　姗姗喜欢跳舞，妈妈就送她去舞蹈班学习。刚开始的时候，妈妈只是送她到舞蹈教室门口便回家了，等下课之后再去接她。

　　有一天周末，姗姗在家练舞，有个动作怎么也跳不好，于是就问妈妈，到底怎样跳才会跳得好，并能跳出美感。

　　妈妈根本就不会跳舞，当然指导不了姗姗。当妈妈明确地告诉姗姗自己不懂，让她打电话去问舞蹈老师时，姗姗的神色暗沉了下去，妈妈明显感觉到了她的失望。

　　从那以后，妈妈也报了舞蹈班，成了姗姗的同班同学。母女俩一起学习舞蹈，周末还在家一起练习切磋。有时姗姗的功课太多，无法抽出时间去上舞蹈课，妈妈就自己先去学，回到家再教她。

　　有次姗姗参加舞蹈比赛，在比赛的前几天她的舞伴脚受伤了，一时之间又找不到舞伴，眼看就要放弃比赛了，此时妈妈站出来，说要做她的舞伴。

　　由于平时都是妈妈陪着姗姗练习的，在她缺少舞伴的时候，妈妈就做了她的舞伴，再加上母女俩早就形成了一定的默契，比赛时俩人超常发挥，还获得了冠军呢！

　　妈妈陪伴姗姗一起学舞蹈的初衷是"为了更好地指导孩子"，而在陪女儿学了一段时间后发现，跟孩子一起学习，还可以增进彼此间的感情，这使母女俩多了很多共同语言。孩子的每一步成长，都留下了一深一浅、一大一小的脚印。

爸爸见母女俩整天有说有笑的，为了不被边缘化，不被当成透明人，他也要求加入她们的"舞蹈团"。从此以后，不管是去学舞蹈，还是参加其他兴趣班或是休闲活动，他们都是一家三口一起出动。

姗姗妈妈自豪地说，他们家是个"学习型家庭"。

学习型家庭包含两点含义：一是所有家庭成员共同为孩子创造良好的学习环境，在精神上绝对支持孩子的各种学习活动；二是所有家庭成员和孩子一起参与各种学习活动，互相鼓励，共同创造新的奇迹。

学习活动不仅包括个人的自我学习，也包括全家人一起参与的亲子夏令营、读书会、旅游、看电影等休闲活动，平日里的沟通与交流、倾听与分享也都可以算在其中。

学习型家庭的建立，不仅有利于亲子关系持续、稳定地向好的方向发展，还能使家庭氛围更加融洽，对孩子的成长也是非常有利的——和孩子一起学习，彼此间既存在着相互竞争的关系，又存在着相互合作的关系，对孩子来说，这是一种更好的激励方式。

曾看过一篇报道，说"刘墉、刘轩是一对互相成就的父子"，其实不然。要我说，他俩是相互学习的一对父子。

刘墉出版的好几本励志书，如《创造自己》《超越自己》《肯定自己》等都是写给儿子的，在儿子的成长路上，他一直用文字加以勉励。

　　而他的儿子刘轩也不甘落后，将自己的成长经历写下来出版，如《叛逆年代》《寻找自己》《WHY NOT？给自己一点自由》等，算是对大作家爸爸的一个回应。

　　记得刘轩曾在自己出版的某一本书上写过类似的话：希望有一天，人们在介绍我的时候，不再说我是刘墉的儿子，而在介绍刘墉的时候，说那是刘轩的爸爸。

　　父子俩曾在共同创作的《创造双赢的沟通》《奋斗书：刘墉父子谈人生》等书中进行博弈，发表各自的观点，有不谋而合的，有相互抵触的。

　　刘轩就是在跟父亲不断地博弈中成长起来的。他之所以能够成为世人眼中的"跨界才子"、畅销书作家，刘墉无疑起到了很大的推动作用。而刘墉所用的推动手段，就是建立学习型家庭。

　　学习型家庭的建立，能对孩子的成长带来极为有利的影响，但并不是所有家庭都有姗姗爸爸妈妈那样的"闲情逸致"，陪着孩子一起去参加兴趣班；也不是所有的爸爸妈妈都有像刘墉那样的社会资源，为孩子提供这么好的激励环境——绝大多数家长每天都在为生计奔波忙碌，在这样的情况下，怎么建立"学习型家庭"呢？

　　再忙，吃饭的时间总有吧？吃饭的时候，多跟孩子沟通，让孩子和你分享他生活中的所见所闻，你只要做个好听众即可。

　　要是饭后还有点空闲时间，可以跟孩子下下棋，培养孩子的思考能力。也可以跟孩子一起看他喜欢看的视频，从情节内容中找出问题跟孩子探讨、交流，培养孩子的审美能力、明辨是非的能力等。

节假日的时候，尽量抽出一点时间跟孩子一起去图书馆看看书，或者去孩子所参加的兴趣班看看，就算不能亲自陪着他们一起学习，起码要了解孩子的学习情况。

不管家庭条件如何，不管父母的知识结构和社会地位如何，建立学习型家庭并不是什么困难的事，和孩子一起学习，其实随时随地都可以进行，只要家长有心，就没有做不到的事。

第四章

兴趣培养：如何为孩子培养一种兴趣

　　兴趣是求知的动力，是最好的老师。培养孩子对某一方面的知识或是文化产生浓厚兴趣，鼓励他在不断接触和探求这种知识和文化的过程中，加深对世界、自然、社会的认识。

　　这是一笔巨大的财富，一种无形的资产，对孩子志向的形成和确立有着极为重要的意义，对孩子的成长和成才有着至关重要的作用。

1. 不是每个孩子都要成为钢琴家

孩子从小受到良好的音乐教育，不仅能提高孩子的音乐素养和艺术修养，培养孩子踏实严谨的学习态度、认真刻苦的学习能力，同时，也对孩子的文化素养、道德风尚以及性格的形成起着潜移默化的作用。

如今，素质教育的呼声越来越高了，家长也越来越意识到，除了课本知识之外，培养孩子的其他特长是非常有必要的——可以给孩子的将来多一重保障，给孩子的未来多一条出路。

很多家长在培养孩子的特长时，首选的就是音乐。他们认为，孩子从小受到良好的音乐教育，不仅能提高孩子的音乐素养和艺术修养，培养孩子踏实严谨的学习态度、认真刻苦的学习能力，同时，也对孩子的文化素养、道德风尚以及性格的形成起着潜移默化的作用。

家长普遍都会选择钢琴对孩子进行音乐启蒙教育。

嘉嘉刚满 5 岁，妈妈就给她买了一架钢琴，请了位钢琴老师来

家里教她。刚开始接触钢琴时，嘉嘉非常兴奋，学习时也格外用心，所以进步非常快。每次家里来了客人，爸爸妈妈都会让她弹奏一曲助兴。

坚持学习钢琴两年多后，嘉嘉就有些腻烦了，而且她越学越觉得吃力，越吃力就越难学，以至于在很长一段时间里，她的钢琴水平没有一点进步。

当小朋友在楼下做游戏时，她被关在房间里练琴，她多想融入伙伴们的小圈子里，多想跟大家一起做游戏啊！但是妈妈总说："不管学得有多累、多辛苦，你都要坚持，要抓紧时间好好练琴，将来当个钢琴家。"

嘉嘉真的不想当什么钢琴家，如果说让她学习钢琴只是培养她的兴趣，提高她的文化修养，那她很愿意，但是给她定下那么高的目标——她感到压力非常大。

现在，嘉嘉的童年已经不由她做主了，她的生活除了上学就是练琴，节假日也不能离开钢琴半步，时间一长，她对钢琴的热情就有些降低了——越是没有兴趣，学起来就越是难。

有一天，家里来了几位客人，妈妈又让嘉嘉弹奏一曲，她拒绝了。

送走客人后，妈妈生气地数落了嘉嘉一顿。嘉嘉也很生气，不仅跟妈妈顶嘴，还说自己以后都不想再练钢琴了，长大后也不要当什么钢琴家。

妈妈当然不乐意了，她对嘉嘉说："爸爸妈妈那么辛苦赚钱，给你买好的钢琴，请专业老师教你弹琴，就是想让你进入高雅艺术的殿堂，将来能够出人头地！现在你说不学就不学了，那不是枉费爸爸妈妈的一番苦心吗？嘉嘉，你已经学了两年多，有了基础，只要持之以恒，一定会有成就的！"

嘉嘉委屈地说："可我没有音乐天赋，再努力也成不了钢琴家！明明我可以学画画、学跳舞，为什么一定要学钢琴？"

嘉嘉说得没错！

艺术家的养成，需要一定的天分做基础，父母应该因材施教。有绘画特长的孩子，你硬是逼着他去学钢琴，而有钢琴特长的孩子，你硬是逼着他去学画画——他们能成才吗？

可嘉嘉妈妈说的话又不无道理，既然已经坚持几年了，为什么不一直坚持下去呢？或许真的熬过了一段时间后，就会看到曙光了呢。

这个问题得请心理学家阿尔文·罗森菲尔德来回答。

他说："有人规定你的孩子必须要学会踢足球或是弹钢琴吗？我认为孩子并没有必要学习这些东西，就跟没有必要学习回力球的打法一样。

"许多父母都会告诉孩子'你们可能觉得练习过程非常枯燥，但只要你们能忍过这段时间，将来一定不会后悔的'。但是他们会不会告诉自己的女儿'跟这个家伙结婚吧。你们在一起的头17年会像地狱一样，但是之后生活就会好起来的'？当然不会。"

的确，家长耗费大量的金钱和时间要把孩子培养成为钢琴家，

那是对孩子未来的一个大期望；是一种美好的愿望，但是也得考虑孩子的学习、承受能力，考虑孩子的兴趣爱好。

如果孩子觉得学钢琴是一种折磨，如果孩子期望的并不是成为钢琴家，而是画家或是其他的艺术家，家长得尊重孩子的意愿，按照孩子的自身条件来为孩子报特长班。

一味地逼迫孩子按照自己的"心愿"来做的话，不但不会培养出钢琴家，还会阻碍孩子发展真正的特长，阻碍孩子的健康成长。

曾在网上看到一位小学生写的作文，大概内容是：他很羡慕那些开演奏会的钢琴家，他们在台上的表演实在是太帅气了！他觉得，将一个个美丽的音符变成一首首美妙的乐曲是一件非常快乐的事。

于是，他主动让爸爸妈妈送他去钢琴班学习。

为了能够穿着华丽的服装在舞台上表演，他虚心学习、刻苦练习。但是，他怎么努力也无法达到表演水平，考级的时候不是弹错就是节奏不对，反正总是过不了。

爸爸语重心长地告诉他："你很想做成一件事，也朝那个方向在努力，即使最后没有实现目标也没关系。孩子，不要难过，你努力了、尽力了，其实就已经算是胜利了。"

钢琴家不是那么容易当的，没有天分，再勤学苦练也是枉然。无数的孩子都曾学过钢琴，有的从幼儿就开始学了，十几年来坚持不懈，但是最终能成为钢琴家的有多少？少之又少啊！

钢琴的练习和演奏，需要十根手指头在各自独立的前提下灵敏、积极地活动，双手不同的动作及其与全身肢体进行协调配合，可以使大脑左、右半球的技能获得同等发展并增进互相协调的能力，这样可以培养孩子的协调能力、理解能力、接受能力以及想象力等。

如果家长送自己的孩子去学钢琴，只是为了让孩子通过学钢琴去接触大量优秀的钢琴作品，让孩子接受高雅艺术和作品的熏陶，丰富孩子的感情，提高孩子的音乐鉴赏能力的话未尝不可，但是抱着一定要让孩子成为钢琴家的心态逼着孩子去学习的话，只会适得其反。

2. 保护孩子那些稀奇古怪的好奇心

孩子会因为好奇而自觉地去学习更多的知识，去思考更多的问题，且会在广度和深度上进行拓展，这对孩子智力的开发和视野的开拓有很大帮助。

为什么飞机和轮船都那么大、那么重，一个可以在天上飞，一个却可以浮在海上呢？

为什么婴儿是从妈妈的肚子里生出来的，却不是从爸爸的肚子里生出来的呢？

为什么有的人是黄皮肤，有的人是白皮肤，还有的人是黑皮肤呢？

当孩子向我们提出一个又一个问题时，我们要怎么回答呢？是直接告诉他们答案，还是一步一步引导他们自己去探索呢？当然是选择后者了。

飞机和轮船之所以一个能飞上天，一个能浮在海面上，都是现代化科技发展的结果。至于科技发展是如何做到的，可以让孩子自己去查找资料，去分析。孩子自己找到答案能更好地消化、理解问题，还能激发孩子的好奇心。

至于孩子是从妈妈肚子里生出来这个问题，可以让孩子自己去思考答案，充分发挥他们的想象力，就算他们想出来的答案再五花八门、天马行空，都要鼓励他们，让他们继续想。最后告诉孩子，等上学后学到新知识，就知道答案了。

如果我们一开始就告诉孩子这些问题的答案，就会扼杀孩子的好奇心和想象力，使孩子养成一遇到问题就找爸爸妈妈要答案而不自己动脑思考的习惯。

爱因斯坦说："想象力比知识更重要。因为知识是有限的，想象力却可以囊括全世界。"

文森特·鲁基洛也说："好奇心、求知欲和善提问是创造性思维的引擎。"

好奇心是人们对新鲜事物进行探索的一种心理倾向，是推动人们积极地去观察世界、开拓创造性思维的内部原因。不管是对大人来说还是孩子来说，好奇心都是非常宝贵的，是推动人们去获取新知识的主要动力。

荣荣近来每天放学回家都迟了半个小时。妈妈以为他偷偷跑出去玩了，教育他放学之后要及时回家，不能在路上闲逛，更不能不经大人同意就跑去玩。

荣荣说他没有去玩，而是在楼下看蚂蚁搬家。

"蚂蚁搬家有什么好看的？"妈妈不解地问。

"小蚂蚁为什么不找根绳子绑着食物呢？这样的话，一只蚂蚁就可以把食物拉回家了，哪用得着出动那么多蚂蚁搬一小粒米呀？

"一只小蚂蚁发现了面包屑，不一会儿就有一大群蚂蚁爬来跟它一起搬回家。那只小蚂蚁是怎么通知其他蚂蚁来的啊？它们家里也有电话吗？"

除了这两个问题，荣荣还提出了一大堆关于蚂蚁集体搬运食物的古怪问题，妈妈被问得哑口无言。

妈妈想了想，最后并没有直接告诉荣荣答案，而是让他每天继续去观察蚂蚁。周末，妈妈还带着荣荣去书店买了关于动物知识的书，让他结合自己的实际观察以及书本上所说的，自己找出那些问题的答案。

好奇心可以激发孩子的智慧，让孩子在好奇心的驱使下独自解

开一个又一个疑团。当然，爸爸妈妈还可以和孩子一起动手做一些小实验，验证一些小发明创造，这不仅能开拓孩子的眼界，还能增强孩子的求知欲。

正如近代教育家陶行知所说："发明千千万，起始在一问。"

人类历史上伟大的科学家牛顿，他发现了万有引力定律和牛顿定律，靠的就是强烈的好奇心和无限的想象力。

某一天，牛顿坐在苹果树下乘凉。突然，一个苹果砸到了他的头。他俯身捡起苹果，抬头望了望苹果树，脑子里冒出这样一个问题："苹果为什么是从树上落到地面，而不是像鸟儿那样飞上天空呢？"

为了解开这个问题的答案，牛顿开始了日夜思考和测算，最后发现了万有引力。后来，他又不停地向自己提问题，不断发挥自己的想象力去求证解答，从而又发现了太阳光的颜色构成，制作了世界上第一架反射望远镜。

曾看过这样一篇报道，说中国的孩子到了德国，发现德国的数学真是太简单了。德国一年级的小朋友一周只学一个数字，第一周学"1"，第二周学"2"，第三周学"3"……

他们的数学课本就像是一本画册，孩子们做作业都是用彩笔在画册上随便涂鸦——学"1"的时候，在画册上画了很多与"1"有关的图画。

而我们中国的小朋友，在幼儿园的时候就已经学到100了。

也许我们会觉得德国的教学方式实在是太浪费时间了，一周只学一个数字。可是仔细想想，孩子用一周的时间去认识一个数字，多了很多对这个数字进行深入了解、研究的时间和机会，可以对这个数字展开充分的想象，而不是仅仅局限在学习这个数字本身上。

所以，家长可千万不要去扼杀孩子的好奇心，反而要好好地保护它。

孩子会因为好奇而自觉地去学习更多的知识，思考更多的问题，且会在广度和深度上进行拓展，这对孩子智力的开发和视野的开拓有很大帮助。

3. "兴趣实验室" 发掘孩子的兴趣

在孩子成长的过程中，兴趣具有十分重要的作用，它能提高孩子学习的积极性和主动性。

有一年福州中考作文的题目是：《兴趣，是一种甜蜜的牵引》。

有一篇满分作文是这样写的："兴趣，是一种甜蜜的牵引，当你不再讨厌数学，并对它产生无限好感时，打开书本，你会看到一条条无趣的数学公式变成了灵动的小生灵；兴趣，是一种甜蜜的牵

引，当你不再畏惧语文堆成高峰的识记考点，打开书本，你会发现一篇篇必背优秀诗文成了一位位婀娜多姿的东方仙子；兴趣，是一种甜蜜的牵引，当你不再厌倦英语杂乱无章的语法应用，打开书本，你会惊讶一个个英语语法成了一位位生活规律的小市民。"

的确，兴趣爱好是孩子最好的老师。我国古代教育家孔子说："知之者不如好之者，好之者不如乐之者。"

在孩子成长的过程中，兴趣具有十分重要的作用，它能提高孩子学习的积极性和主动性。

家长作为孩子的第一任老师，在引导孩子认识世界和改造世界时，必须从发掘和培养孩子的兴趣入手，让孩子快乐、轻松、自然地接受教育。

那么，如何发掘孩子的兴趣呢？

孩子从睁开眼睛的那一刻开始，就用他们的小眼睛不断地张望这个世界，小手小脚也不安分地动来动去的，表示自己也是这个世界中的一员。

好动是孩子的天性，我们首先可以根据孩子"好动"这一特点来究其兴趣。

陈晨虽然是个女孩子，但却不喜欢玩布娃娃等小女生玩的玩具，反而喜欢去隔壁哥哥家去玩遥控汽车和遥控飞机。

爸爸妈妈为此也给她买了几辆遥控汽车和遥控飞机，但她却又不安于只是用遥控器来控制汽车和飞机，居然找到爸爸的工具箱，拿了螺丝刀把这些遥控汽车和飞机给拆了。

爸爸妈妈教训陈晨说，好好的玩具被她拆坏了，不能玩了。可是她却说，还可以玩。说完，她又把拆开的零件一个一个地装回去，不一会儿，一辆完整的遥控飞机就被还原出来了。爸爸妈妈这才知道，陈晨的动手能力不错。

后来，爸爸妈妈特意在家里开辟了一小块地方作为陈晨的"兴趣实验室"，还给她买了很多可以拆卸的玩具让她尽情地拆和装。

爸爸妈妈抓住陈晨喜欢拆装玩具的兴趣点来进行培养，说不定将来她会成为一名工程师哦！

除了"动其手，解其趣"，从孩子的动手能力中找寻孩子的兴趣点之外，还可以"追其行，延其趣"。

美术课上，老师让同学们自由发挥，想画什么就画什么。

鑫鑫就会画飞机，画各种各样的飞机，并涂上漂亮的颜色。老师问他为什么总是画飞机不画轮船，他说他喜欢自由自在的飞翔，他长大了要做飞行员！

而栗子总画一些漂亮的娃娃，并给娃娃画上各种亮丽的衣服，她说长大了要做服装设计师。

鑫鑫和栗子的这些行为，已经明确表现出了他们的兴趣爱好。爸爸妈妈只要保护好他们的兴趣爱好并加以正确引导，一定会收到良好的效果。

中浩在一些老师眼中是个不爱学习的孩子，因为课堂上他总是望着窗外。

可是生物老师观察了他几次之后发现，中浩不爱听课并不是因为不爱学习，而是因为窗外的鸟叫声吸引了他。于是，生物老师特意安排了一堂课，领着班上的同学一起去室外观察小鸟，中浩高兴得手舞足蹈。

生物老师把中浩的这个兴趣告诉了他的爸爸妈妈，希望家长能够在这一方面着重培养他。

生物老师用的就是"观其色，展其趣"的方法来发掘孩子的兴趣。孩子对自己感兴趣的事会表现出异常的激动和专注，对自己不喜欢的东西自然也就注意力不集中了。

爸爸妈妈要多注意观察孩子的神色，洞察他们的心思以及他们所做的某些行为背后的真正原因，找到他们的兴趣点并加以培养。

发掘孩子的兴趣，还有一个办法就是"听其声，究其趣"。

爸爸妈妈将林玲送到奶奶家寄养，每周末去看她一次。由于他们时常不在孩子身边，跟孩子的沟通就只能通过电话。

近来，妈妈发现林玲跟她聊天的内容总是离不开花花草草。问了奶奶才知道，林玲每天都让奶奶带她去花鸟市场看花草，奶奶还给她买了几盆比较容易养的花卉植物回家让她照顾。

妈妈问林玲，长大了要做什么，林玲说要做个园丁。爸爸知道后觉得林玲没有大志，认为做"花园美容师"没有出息。

不过妈妈觉得，要尊重孩子的兴趣，按照孩子的兴趣来培养才会使其成才。所以，妈妈就在奶奶家后面的一块空地上，开垦出了一小块地作为林玲的"兴趣实验田"，让林玲在上面种一些花草和蔬菜。

很多家长就算从孩子的行为和语言中了解到了孩子的兴趣，但总是会觉得这种兴趣的发展前景不大，就不把孩子往那方面培养，这是非常错误的做法。

孩子对知识的渴望，兴趣的推动力绝不可小看。家长要尽量想办法为孩子创造一个"兴趣实验室"，让孩子的兴趣在那里生根发芽，茁壮成长！

4. 培养主兴趣和多样化兴趣

家长作为孩子成长路上的引路人，一定要注意培养孩子的兴趣，不仅要培养一个主兴趣，还要培养其他方面的兴趣。

每个孩子都有自己的兴趣爱好，且还不止一个。不同时期，受到不同环境的影响，兴趣还可能呈现出多样化的特点。

随着孩子的不断成长，不断向社会迈进，这些多样化的兴趣会

成为他们人生的一笔巨大财富。

岚岚代表大一新生在迎新晚会上高歌了一曲，赢得了阵阵掌声。学生会的辅导老师也因此记住了她的名字，欲培养她成为学生会文艺部部长。

不过岚岚婉言拒绝了。被辅导老师看中，会重点培养的，是令多少新生羡慕的事啊，为什么她会拒绝辅导老师呢？

原因就在于，岚岚还没想好要不要加入学生会。如果加入的话，是加入文艺部呢，还是体育部？

其实，岚岚不仅歌唱得好，书法、绘画也很出色，学习成绩更是优异，不过她的主特长是体育项目，曾代表学校参加过市级体育竞技比赛并获了不少奖。所以，学校只要有文艺活动或是体育活动，岚岚必定会代表班级或是年级参赛。

学校好比小型社会，有特长的孩子，有多种特长的孩子，在这个小型社会里总会更受人瞩目。

学校既已如此，想象一下，孩子在步入社会后，在进入某个单位后，如果兴趣广泛的话，不是能更容易受到领导的青睐，得到同事的赞誉吗？

所以，家长作为孩子成长路上的引路人，一定要注意培养孩子的兴趣，不仅要培养一个主兴趣，还要培养其他方面的兴趣，使其呈现出广泛性和多样性的特点。

孩子最重要的任务是学习，家长首先要培养的是孩子的学习兴趣，同时再培养孩子的其他兴趣。

妈妈给浩浩买了一个可拆装的磁性双面画板，可以用粉笔在上面写字画画，也可以将数字早教磁贴贴在画板上进行数学式的运算。

浩浩很喜欢这个画板，本来他不怎么喜欢做算术题，自从有了这个画板后，他就天天在画板上用数字早教磁贴做运算，玩了一段时间，他的数学成绩进步了不少。

妈妈乘势教他心算，他也越学越喜欢。一段时间后，浩浩不再满足于妈妈的业余教学，打算让妈妈送他去心算班接受系统的学习。

除此之外，妈妈还引导浩浩在画板上画他想画的任何东西，这让他不仅喜欢上了数学，喜欢上了心算，还喜欢上了绘画。

孩子的玩心很重，家长可以学浩浩妈妈那样，抓住孩子爱玩的特点，买益智玩具让他们玩，同时引导他们去学习，培养他们的学习兴趣和其他兴趣。

当今社会非常注重人际交往，每天我们都要面对不同的交际，因此，社交礼仪在社交中起着非常重要的作用。社交礼仪不是简单的握手、微笑、点头等肢体语言，还需要有一定的社会知识和社会技能来充实。

家长不光要培养孩子学习科学文化知识的兴趣，还要培养孩

子社交礼仪方面的兴趣。如引导孩子多阅读一些有关音乐、美术和书法等领域的书籍，多看一些这些方面的演出和作品——不求把孩子培养成高雅人士，但求让孩子在今后的社交活动中能够侃侃而谈。

当然，此外还有一点不容忽视——身体是革命的本钱。

考试分数再高，社交能力再强，要是没有强健的身体也是枉然。故家长除了培养孩子的"高智力"和"强社交"能力外，还要培养孩子体育方面的兴趣。

丫丫被妈妈送去学拉丁舞，学了一段时间，竟然连一支舞蹈都跳不下来。

妈妈问老师是不是丫丫不好好学，老师说："丫丫每次来都学得很用心，只不过她的体力太差，一节课才 40 分钟，她中途至少要休息三四次。其实丫丫能跳整支舞，只是她没有力气把整支舞跳完。不如让丫丫先去锻炼锻炼身体，只有把身体素质提高了，才能更好地学习拉丁舞。"

为此，妈妈经常陪她去散步，带她去打羽毛球、游泳，还让她在家练瑜伽。

如此坚持了一段时间，丫丫的身体素质明显提高了，她也因此喜欢上了球类运动和练瑜伽。于是，她把学习拉丁舞定为自己的主兴趣，此外还报了球类运动的兴趣班，让自己的兴趣呈多样性发展。

引导和帮助孩子将最擅长、最喜欢的兴趣定为主兴趣进行重点培养，同时培养孩子其他方面的兴趣，让孩子的兴趣广泛发展、全面发展，为孩子的美好将来打下坚实的基础，是每一位家长应尽的职责。

5. 有些兴趣需要父母的把控

家长在尊重孩子和充分了解孩子的基础上，要科学地为孩子规划人生，对孩子的兴趣爱好进行严格把控，这对孩子的健康成长具有很大推动作用。

有人说，在孩子的成长过程中家长扮演着"导演"的角色，把控着孩子的兴趣，规划着孩子的人生。因为孩子每天所穿的衣服是父母搭配好的，孩子的兴趣班是父母选择的，就连孩子将来要从事什么行业也是父母建议的。

一句话，孩子的人生是父母规划的。

孩子的行为能力和意识能力都不够成熟和完善，出于对孩子的保护和养育的责任，家长完全有义务帮助孩子做决定，让孩子少走弯路，少被打击和少受挫折；孩子的生命是家长给的，他们

人生的开始也是父母赋予的，就连孩子体内的潜能，也需要家长从旁引导和激发。

如此看来，家长用自己的人生经验为孩子做规划、做指导，为何不可？

毕竟，家庭才是孩子的第一所学校，父母才是孩子的第一任老师，孩子的生命是父母赋予的，成长的大环境也是父母为其营造的。

每一个孩子都有自己的个性，拥有属于自己的天赋。家长在尊重孩子和充分了解孩子的基础上，要科学地为孩子规划人生，对孩子的兴趣爱好进行严格把控，这对孩子的健康成长具有很大推动作用。

妈妈给陈溪在少年宫报了多个兴趣班，而且兴趣班的时间也安排得当：周一、周二晚上参加美术班，周三、周四晚上参加书法班，周六参加声乐班，周五晚上和周日的时间则交给陈溪自己安排。

就这样，陈溪作为班级的"全能明星"，受到了很多同学的羡慕，而且她常常和同学分享自己在兴趣班发生的趣事，大家都喜欢和她一起玩。

浩浩很羡慕陈溪，觉得陈溪这样什么都学一点，什么都懂一点，很受同学的欢迎。于是他跟爸爸妈妈说，要像陈溪那样报不同的兴趣班，学习不同的知识。

爸爸妈妈觉得浩浩很积极，很有上进心，故帮他制订了更加紧凑的兴趣学习计划。

最初的一个月，浩浩兴致勃勃，每周都积极参加兴趣班，并学到了新知识。不过坚持到第二个月，浩浩就觉得累了，开始三天打鱼两天晒网。半年过去了，他已经不想再参加兴趣班了，每次去上课前都推三阻四的。

反观陈溪，虽然她也不愿意频繁参加兴趣班，不过她依然坚持去上自己最喜欢的书法课和美术课。

美国学前教育专家克里斯汀说："在孩子的成长过程中，既需要家长用自己的经验来引导，也需要让孩子在挫折和经历中总结经验教训。"

家长希望孩子成功，就应该给予孩子选择的机会，主动发展的机会，只要适时地对他们做出正确的引导即可。不过，必要时还是要在尊重孩子意愿的情况下帮助他们做出正确的决定。

妈妈对浩浩半途而废的行为表示不满，让他务必在多个兴趣班中选择一到两个自己比较喜欢的坚持下去，不能枉费了爸爸妈妈精心栽培他的心思。可是那么多的兴趣班，他想了好几天也做不了决定。为此，爸爸妈妈跟他进行了一次交谈：

"你觉得学钢琴难不难？"

"难。老师上课讲的我都不太明白。"

"象棋呢？喜欢学象棋吗？"

"还行吧！"

"要是让你继续学象棋，你愿意吗？"

"要长时间地学下去吗？"

"是的，愿意吗？"

"可不可以每周只去上一节象棋课啊？"

"那你喜欢练书法吗？老师说你写的书法很漂亮哦！"

"嗯，挺喜欢的。比起钢琴来，简单多了。"

"那画画呢？喜欢吗？想不想继续学下去？"

"老师说我画得很好，让我每天都练习，我听了老师的建议。"

"如果让你一直跟这个老师学画画，你觉得行不？"

"行！"

跟浩浩聊到这里，浩浩妈妈大概知道他的喜好了，于是帮他制订了一个新的兴趣学习计划：周六下午让他去学画画，周三和周四晚上让他去练书法，其他的兴趣班就暂时不报了。

对于这张新的学习计划表，浩浩还是比较满意的，严格地按照上面的时间来学习。

浩浩一开始报各种兴趣班是因为受到陈溪的"刺激"，可是一旦真的报班了，他又觉得有些"力不从心"——小小年纪就把自己的时间安排得那么紧凑，学那么多东西，压力真的太大了，他受不了了！

当他决定放弃所有的兴趣班时，妈妈站了出来，让他一定要坚持下去，就算不是每一样都学精，至少要选择一两样来学。可是浩浩却摇摆不定，不知道该选择哪一两样，妈妈就通过聊天的方式了解他的兴趣所在，帮他做出了最后的决定。

浩浩妈妈这是在行使父母的职责——适时地引导和帮助孩子做出正确的决定，这就是父母"把控"孩子兴趣的行为。

每一位父母都希望自己的孩子在成长过程中少一些曲折，多一些成功，少一些困难，多一些快乐，希望孩子的人生之路平稳且幸福，所以就需要在孩子遇到困难、抉择时给予他们一定的帮助。

兴趣的培养和发展，对孩子将来成才具有一定推动作用，所以严格把控孩子的兴趣爱好，是身为孩子人生"导演"的家长的职责所在。

第 五 章

自私心理：到底谁的理想更重要

　　理想是一种人生追求，也是一种精神、一种意志，它能够激励我们在布满荆棘的人生道路上大步前进，在我们遇到艰难险阻时，它能够告诉我们要坚强勇敢地克服。

　　每一个人都有属于自己的理想，孩子也不例外。作为父母的我们，应该支持孩子的理想，鼓励孩子为实现自己的理想而努力奋斗。

1. 父母总想着为孩子规划人生

父母要设定一个框架，让孩子在框架限定的范围内健康成长，但是也要注意，不能让这个框架使孩子变成"成虫"。

有一年，在深圳举行的中美教育专家峰会上，最吸引眼球的是"儿童家庭教育家长辩论赛"。该辩论赛的主题是：父母应该做孩子成长的导演还是观众？

据报道称，支持"观众型"的家长认为，家长应该尊重孩子的主体地位和心理需要，在观察、了解他们的基础上对他们进行引导，让他们自由自在地体验人生路途中的风景，让他们在自我尝试、自我思考以及自我总结中领悟人生，而不是提前为他们规划好人生，让他们按照自己的规划表成长。

孩子出生的时候是一张白纸，这张白纸将来变成什么图画，家长的教育起着极为关键的作用。

李襄从小就在父母制订的规矩中长大，虽然她收获了相对成功的事业，但却失去了快乐、幸福的童年，所以在她结了婚生下女儿

小贝后，就决定给女儿一个愉悦的成长环境。

然而，令李襄没想到的是，由于自己没给小贝一定的约束，导致她成长为一个任性、不守规矩的孩子。

刚上一年级时，老师几次强调"举手才能回答问题"，可小贝充耳不闻，不等老师点名就说出了答案；老师说"上学不能带零食"，小贝还偷偷在课堂上吃薯片。最让老师生气的是，有一回上课铃刚敲响几分钟，小贝就对老师说她想上厕所。说完，她就在众目睽睽之下跑出了教室。

紧接着，班里的同学纷纷效仿小贝，都吵着说自己想去上厕所。老师当天就给李襄打电话，跟她反映小贝在学校的情况，并询问她小贝为什么会这么任性。

李襄这才知道自己的"自由教育"反而影响了女儿的成长。幸好李襄和老师及时发现了小贝存在的问题，并及时帮助她纠正了这些坏毛病。

事实上，让孩子自由成长，只在孩子的成长过程中当一名"观众"，这个愿望虽然好，但却不容易实现。

如果不从小让孩子养成好的学习习惯和生活习惯，不从小培养孩子的兴趣爱好和特长，不教孩子各种礼仪、秩序，不让孩子明确自己的成长目标，将来他能自如游走于社交圈内吗？能充分发挥自己的特长，成为优秀的人才吗？

要想孩子将来能成为一个有能力、有礼貌、有教养的人，在这个竞争激烈的社会中，家长就要适当地为他们做人生规划。

　　中国男子台球运动员丁俊晖，被英国媒体称作"东方之星"，他是如何夺得首个亚洲锦标赛冠军，成为中国首位台球世界冠军的呢？

　　当年，父亲丁文钧于一次偶然的机会发现6岁的儿子丁俊晖喜欢打台球，且打得还有模有样。

　　丁文钧觉得，儿子应该具有打台球的天赋。为了能够让儿子往这方面发展，丁文钧毅然关掉了正在经营的商店，买回来7张台球桌，开了一家台球室。

　　之后的每一天，他都会抽出时间教儿子打台球。后来，他甚至还做出了一个令家人都很震惊且反对的决定：只让儿子上语文和数学课，其他时间全都用来练习打台球。

　　这还不止，那一年才上初一的丁俊晖就辍学在家，专心练球了。第二年，丁俊晖参加了亚洲锦标赛并夺得了冠军，一举成名。

　　可以想象，假如丁文钧没发现儿子的天赋，也没将他向台球运动方面引导，他很可能和大多数学生一样，只能按部就班地学习文化知识，不会取得现在如此高的成就。

　　当然，父母为孩子规划人生是正确的，但是不能"绝对控制"，而要尊重孩子的意愿。

　　孩子还小，什么是对、什么是错，什么该做、什么不该做，根本没办法完全分清，更别说规划自己以后的人生之路了。这就需要

家长进行适度地引导，充分发掘孩子的天分和兴趣，根据孩子的特长对他的未来进行规划，并按照规划对孩子进行培养。

也就是说，父母为孩子所做的规划，是有条件的、相对的，既要听取孩子心底的声音，又要根据现实环境的需要来制订，而不能一味地按照父母的意愿来制订。

家长在给孩子做人生规划时，还要注意保护孩子的想象力。

想象力是孩子一生中最大的一笔财富。孩子将来是步入艺术的殿堂还是进入机械制造行业，是成为一名舞蹈家还是飞行员，想象力起着非常重要的推动作用。

父母要设定一个框架，让孩子在框架限定的范围内健康成长，但是也要注意，不能让这个框架使孩子变成"成虫"。所以，家长要经常调整框架的大小，要时常让孩子走出框架，自由探索外面的世界，让孩子把新奇的思想和事物带进这个框框，使框架和孩子一起成长。

最后，要提醒家长一点，给孩子所做的人生规划一定要遵循孩子的成长规律。

每个孩子都有自己成长的特点，不同阶段的接受能力也不同。

据有关专家介绍，孩子在2岁前没必要给他传授知识，而应注重他的感官世界——家人的爱和家庭安全感。2岁之后，孩子的自我能力逐渐建立，这时要特别关注孩子的行为能力，帮助孩子建立自信心。

到了4岁，则要重点培养孩子的观察力，引导和培养他的兴趣爱好。此时也该对他的人生进行规划，务必要注意：此规划一定要以孩子的性格、能力和兴趣为基点，不可定得过高，但是也不宜太低。

2. 孩子并不知道未来的方向

未来的方向指的是什么？其实就是人生目标。只有明确了学习目标，孩子才会主动学习，才能考出优异的成绩。

"我不知道我未来的方向在哪里？我看不到希望，看不到未来，或许我根本就没有未来！"很多迷途的孩子都会说这样的话。

未来的方向指的是什么？其实就是人生目标。只有明确了学习目标，孩子才会主动学习，才能考出优异的成绩。因为有了目标才会有动力，有了动力才会有积极性，才有可能获得成功。

家长对孩子人生目标的制定起着关键性的指导作用，对孩子人生目标的实现也起着一定推动作用。但是，很多家长从一开始就给孩子灌输了一个错误的观点：要为了达到某一种生活状态而努力学习。

这个观点会因一些现实因素的变化而被粉碎，故而造成了孩子

的心理压力和心理负担，使孩子出现负面情绪。

汪晨是个古灵精怪的孩子，可聪明用在正道上那是好事，要是用到歪门邪道上，那会叫人头疼。

每次学校开家长会，其他同学的家长都笑容满面，可汪晨的家长却是满面愁容。家长会结束后，老师还要和汪晨的家长"开小会"，说一说汪晨最近的学习情况：在数学课乱扔粉笔头；在语文课做飞机模型；手工课上用陶艺泥捏手雷吓唬同学……

总之，老师最常对汪晨家长说的一句话就是："这孩子很聪明，可这聪明要是不用在正道上，早晚会毁了他。"

这天，爸爸特意提前下班，打算跟汪晨进行一次深度谈话，要是再让他胡作非为下去，他恐怕想上重点中学就没希望了。

爸爸刚走进小区，就在花园里瞧见了儿子的身影——汪晨正和两个伙伴捣鼓一架用一次性筷子制作的飞机模型。爸爸正想走过去训斥汪晨贪玩的时候，那架飞机竟然晃晃悠悠地从地面升起来了，汪晨和两个伙伴在一旁欢呼雀跃。

看到这一幕，爸爸灵机一动，想到了教育儿子的好方法。

半个小时后，汪晨回到了家，抱着飞机模型进了自己的房间。爸爸敲开他的房门，看见他正在用小刀对机翼进行处理。爸爸好奇地问："刚才我路过花园时，看见你做的这架飞机飞起来了，你是怎么做到的？"

汪晨听到这话，顿时来了兴趣，得意地说："之前同学的遥控飞机坏了，他买了新的玩具，就把飞机送给我了。我把里面的马达、机翼卸下来安装到我这架飞机上，没想到真的飞起来了。"

"你一个人装好的？"

"当然啦，弄了好半天呢。我们学校下周有个航空兴趣小组比赛，之前老师没让我参加，我就自己做个模型，打算下周杀杀我们班同学的威风！"汪晨高兴地说。

"老师为什么不让你参加？"

听到爸爸这样问，汪晨抱着一副破罐子破摔的样子，说："还能为什么？因为我不是好学生呗，他只让好学生参加。"

"儿子，你就没想过好好学习，让老师、同学对你刮目相看吗？"爸爸看汪晨不应声，继续劝说道，"爸爸像你这么大的时候跟你一样淘气，也不爱学习，可后来爸爸对运动特感兴趣，就梦想着成为一名国家运动员。"

"后来呢？"汪晨瞪着眼睛，好奇地问。

"要想成为运动员，首先就得参加学校运动项目的训练。当时，我的班主任也只让学习好的同学报名，爸爸就没被选上——不过，爸爸可没放弃，下学期的时候爸爸的学习成绩追上了别人，也进了体育组。

"每次开运动会的时候，爸爸都能拿到好名次，还一度成为班上的体育明星呢。可是要想成为一名运动员，光是进体育组还远远不够——不光要擅长体育项目，文化课的分数也要够。后来我就把学习的重心放在了训练和文化课上，最后爸爸考上了首都体育学

院，虽然没成为国家级运动员，不过也算是实现了梦想……"

爸爸话没说完，汪晨就惊呼一声："爸爸好厉害啊！"

爸爸看到儿子眼中绽放着光芒，继续因势利导地说："你现在不爱学习是因为你还没找到目标，等你有了理想、目标，就会愿意为它去奋斗。"

"我有，我有！之前表哥给我演示过物理实验，我对物理课特感兴趣，我想当物理老师！"汪晨兴奋地说，"可是——"还没说完，他话锋一转，顿时没了精神，"我们没有物理课。"

爸爸笑着说："你现在才五年级，当然没有啦，等你上初中的时候就能学习物理知识了。不过，要想学好物理，当上一名物理老师，首先要学好数学、语文、英语这三门主科。要是你能考上重点中学，还会比普通中学接触到更多的物理实验呢。"

听完爸爸的分析，汪晨当即拿起笔，给自己制订了一张"改过"表，还写下了他的学习计划：首先，要提高数学、英语的成绩，争取在两个月内拿到优秀名次。"改过"表最下方还写着他的志向：我要考上重点中学，将来我要成为一名物理老师。

接着，爸爸又给汪晨制订了一份"劳逸结合"的计划表，只要他每周按时完成老师布置的作业，有了明显进步，就在周末带他去科技馆玩。

自从汪晨对人生有了一个规划后，他开始认真听讲，每科作业都会按时完成，成绩有了显著的提高，老师都夸他是个"好苗子"。

爸爸也信守承诺，经常带汪晨去科技馆参观，还给他买了许多关于物理实验的书，假期和他一起动手做实验，在"玩"中学习。

通过汪晨的改变，我们可以看出：由于孩子心智尚未发育成熟，所以他们还不能完全掌握自己未来的发展方向，这需要家长加以正确地引导和帮助。

正确的做法是，家长要让孩子知道，他们今天好好学习不仅仅是为了掌握一门知识，为了未来更好地生活，更重要的是为了发展自己的智力，培养自己的能力，将来为社会做出贡献。

家长在指导孩子确立人生目标时，不应只落在生活层面上，还要具有一定的时代意义和社会价值，要在精神上和物质上形成统一。这样一来，孩子才有可能成大器。

3. 做孩子最好的人生导师

家庭是孩子人生的第一站，是人生的第一所学校，而父母就是这所学校里的第一任老师。

让孩子拥有最佳的人生开端是每个家长对自己孩子的期望，也是对自己的期望。因为，能给孩子最佳开端的人只有父母，也只

有父母才有资格做孩子最好的人生导师。

当孩子在妈妈的肚子里开始生长时，最常接触的就是爸爸妈妈了。绝大多数妈妈在怀了小宝宝开始，就着手对他进行教育，时而给他唱歌，时而给他讲故事，我们将这些简单的沟通称之为"胎教"。

当孩子呱呱坠地之后，爸爸妈妈会抽更多的时间陪他，不仅跟他聊天，还给他买各种益智玩具，跟他一起做游戏，在游戏中潜移默化地教导他……

俗话说"三岁看老"，0岁~3岁是宝宝性格形成和各种好习惯养成的最佳时期。而这个时期，陪伴在孩子身旁的只有爸爸妈妈，能抓住这个最佳时期培育孩子成才、引导孩子的心智向健康方向发展的也只有爸爸妈妈。

当孩子到了3岁，爸爸妈妈就会将宝贝送到幼儿园。许多父母认为，从此教育孩子的重任就落到老师身上了，自己则可以轻松一些，毕竟专业教师能给孩子更好的教育。

其实，这种想法也是错误的。孩子上幼儿园只是从家庭教育进入了另一个全新的阶段——学校教育，并不意味着家庭教育就可以终止或减少。

那一年，一个振奋人心的消息传遍了天津的大街小巷——天津一中高三学生安金鹏在第38届国际奥林匹克数学竞赛中喜获冠军！这位19岁的数学奇才在接受记者的采访时，含着泪，一字一顿地述说着母亲如何哺育他的故事。

安金鹏从小家里就很穷，爷爷奶奶相继病逝后，爸爸又患了癌症。为了给爸爸治病，家里债台高筑，几乎所有的家当都被变卖了。而为了不让安金鹏中途退学，妈妈将劳动工具小毛驴给卖了，筹钱让他继续读书。

那一年，妈妈收割稻谷时没了小毛驴的帮忙，只好自己一个人跪在地上收割，膝盖都被磨破了。因为要省下给稻谷脱粒的钱，晚上妈妈就用双手抓起麦秆在大石头上摔打脱粒……

不管多苦多累，妈妈依然坚持让安金鹏用功读书，家里的农活不让他帮忙，学杂费的事也不要他操心。尽管家里的欠债一天比一天多，妈妈依旧咬着牙硬撑着，她说："咱不能让穷困把孩子的前途耽误了。"

正是妈妈深厚的爱以及不向困难低头的精神鼓励了安金鹏，使他不自卑、不气馁，一直都很努力地学习着。

可是，山村里的孩子初到城里，无论是见识还是掌握的知识都存在着明显差异。城里的孩子从小就上英语兴趣班，学习英语非常轻松，而安金鹏以前并没接触过英语课，这样他学习英语非常吃力，觉得看英语课本就像在看天书。

回到家后，安金鹏跟妈妈抱怨，妈妈却说："妈只知道你是能吃苦的孩子，妈不爱听你说难，因为一吃苦就不难了。"

母亲的教诲和点拨，激励着安金鹏跨越重重障碍，那些原本学起来很难的科目变得不再难了，那些擅长的科目就"更上一层楼"

了。仅用了一年时间，安金鹏不仅将自己落后的功课迎头赶上，还荣获了全国物理竞赛一等奖和数学竞赛二等奖。

"贫困是一所最好的大学。"妈妈转述高尔基所说的这句话，一直激励着安金鹏的成长。现在的他，已是北京大学数学研究院的学员了。他说，他这辈子最感谢的人就是将他哺育成人、教导他成才的母亲。

"母亲是我人生道路上最好的导师！"这是安金鹏对母亲的最高赞誉，也是天下所有孩子对生养自己的父母的最高评价。

教育不一定非要在教室里完成，社会中处处都是学校，生活中的点点滴滴也都是知识点。

家庭是孩子人生的第一站，是人生的第一所学校，而父母就是这所学校里的第一任老师。父母的教育，对孩子来说是最有权威性的，最具影响力的，且不是偶尔也不是经常，而是时时刻刻。

我们也可以换个视角，从孩子接受教育的过程来看，父母教育、家庭教育是开始最早、持续时间最长、影响力最大的教育。孩子都是在父母的引导下，逐渐认识世界、了解世界的。

因此，父母的一言一行、一举一动，对孩子性格和人格的形成都具有言传身教和潜移默化的作用。"其身正，不令则行；其身不正，虽令不从。"家长朋友们一定要牢记这句话，并以此来约束自己的行为习惯，给孩子做一个好榜样。

4. 父母的大规划，孩子的小目标

既然量变到质变需要一个长期的过程，实现大规划也需要一个长期的过程，为何我们不把大目标分散成小目标，一点一点攻克，一点一点积累呢？

对于孩子将来的发展，每一位父母心中都会有个大规划，并且会严格按照这个大规划来教育孩子、培养孩子。可是，想实现父母制订的这个大规划，不是一朝一夕能完成的，而是须要经过长时间雕琢的。

设想一下，假如你希望孩子将来能成为钢琴家，从他 4 岁开始就请专业老师教学。在孩子具备一定天分的情况下，至少需要多年的时间才能功成名就。也就是说，多年以后孩子才能感受到成功的喜悦。

对于孩子而言，他们不具备足够的耐心。当努力相当长一段时间后，如果孩子没有明显进步，没得到实质性的奖励，他们就会觉得距离成功遥遥无期，从而气馁、松懈，甚至弃学。

既然量变到质变需要一个长期的过程，实现大规划也需要一个

长期的过程，为何我们不把大目标分散成小目标，一点一点攻克，一点一点积累呢？为什么不鼓励孩子设立切实可行、针对性强的，又符合大规划发展方向的小目标，使孩子比较容易实现并获得一定的激励呢？

当孩子攻克一个小目标并收获胜利的喜悦后，就能感受到自己的努力没有白费，自信心会得到增强，自觉性也会得到提高，对攻克下一个小目标就会更有信心。如此这般，必然会一步一步接近大目标、大规划，何乐而不为呢？

即使有些小目标暂时不能实现，家长可以引导孩子查找出失败的原因，找到自身存在的薄弱点，不断克服自己的缺点并完善自己。

乐乐妈妈是位书法家，她希望乐乐将来也能成为一名书法家。

尽管乐乐写的毛笔字、钢笔字在妈妈看来都还不错，可由于平时他写字时总不用心，页面上经常出现涂改的痕迹——有的错别字使用修正液修改，有的错别字直接涂上一个黑疙瘩，然后在一旁重写。

妈妈不止一次教育过他，一篇好的书法不仅字体要美观，页面也要干净、整齐。乐乐虽然每次总是点头说"知道"了，但却左耳听、右耳冒，根本不放在心上，妈妈对此很无奈。

爸爸问乐乐："妈妈讲了那么多次写字一定要整齐美观，你怎么总是不改正啊？"

乐乐说："妈妈要我跟她一样当个书法家，说要写好每一个字，字与字之间的距离要匀称，而且整体感觉也要大气美观。每次我开始写字的时候就会想起妈妈的话，一想到就会紧张，一紧张就只顾得上写好每个字而顾不上整洁了。"

爸爸知道原因后跟妈妈商量，以后不再给乐乐施加太大的压力，让他先放松好心情，然后再练习书法，别让"成为书法家"这个大目标把他给压得喘不过气来。

妈妈认同了爸爸的观点，于是暂且将他们"培养乐乐成为书法家"的大目标放下，先把乐乐培养成习惯性能写出整齐、漂亮的作业的学生。

于是，爸爸妈妈给乐乐制订了一个"可量化"的小目标：每天让乐乐抄写一小段优秀作文选，第一周他写错几个字不要紧，只要不涂黑、用修改符号改正就行。字超出方格外也不要紧，下次注意点就行；

第二周要求他尽量不写错别字，如果还有错别字，只要在 3 个以内还可以接受，字超出方格外也暂且不批评；

第三周，不准再写错别字；

第四周，不准再把字写出方格外；

第五周，不能再写错别字，也不能把字写出方格外；

第六周，将抄写的段落增加一倍；

第七周，抄写整篇作文；

第八周，开始让乐乐自己写一段话；

第九周，写一篇作文……

　　为了鼓励乐乐能够做到这些小目标，妈妈还设立了奖励机制：如错 10 个字内，奖励他 1 朵小红花，错 5 个字内奖励 2 朵，一个字也不错的话奖励 3 朵；整段文字有三分之二没有超出格子的话奖励 2 朵，要是全部不超过的话奖励 4 朵。集齐了 10 朵小红花，周末就带他去买一件他喜欢的玩具或他想读的课外书。

　　妈妈就是用这种循序渐进的方法，帮助乐乐慢慢改掉了作业本不整洁的坏毛病，同时缓解了他的紧张情绪。

　　"帮助孩子确定可量化的小目标，帮助他突破自己，循序渐进地向大目标迈进。"这种方法对家长来说简单易行，可以看到孩子一步一个脚印的努力成果。

　　对孩子来说，实现一个个小目标不仅有成就感，还能增强自信心、提高积极性，最终实现人生的远大目标。

5. 别让孩子去完成你的梦想

家长要理性地看待往昔的遗憾，不管当年因为什么导致自己没办法实现梦想，都不要将这种遗憾顺延到自己的下一代身上。

上一次龟兔赛跑中，小白兔因为太轻敌了，跑到一半的时候"中场休息"睡了一觉，等它醒来，乌龟已经冲到终点拿了冠军。小白兔不服气，要求跟乌龟再比一次。

这一次，小白兔不敢再轻敌，裁判员一声令下，它就飞快地冲了出去。可最后小白兔还是输了。

这回小白兔可没在比赛途中睡觉，怎么又输了呢？原因就在于，小白兔跑反了方向，它越跑越远，跟乌龟的距离也越拉越大。

很多家长在给孩子规划成长之路时，在为孩子设计未来的发展蓝图时，在给孩子选择兴趣班时，脑海里都闪过这样一个念头：让孩子学习我年轻时没能学到的；让孩子向着我年轻时想做却没做成的事业努力；让孩子帮我完成我未曾完成的梦想。

如果孩子的兴趣爱好跟父母所期望的一致固然好，但如果孩子的兴趣爱好完全背离了父母的愿望，家长还一味地照着自己的愿望

去培养孩子，那不是越俎代庖，剥夺了孩子发挥其真正的爱好和特长的权利了吗？这样还能培养出父母所期盼的、出类拔萃的优秀人才吗？

所以，家长要理性地看待往昔的遗憾，不管当年因为什么原因导致自己没办法实现梦想，都不要将这种遗憾顺延到自己的下一代身上。

朱珠从小就被爸爸送到双语学校，每年寒暑假还要让她参加外语培训班，这让她的英语成绩总是名列前茅。

就在朱珠四年级时，爸爸为她办理了去英国留学的手续，这让其他同学都羡慕不已，可朱珠却怎么也开心不起来。

一方面，爸爸充满期待的目光给朱珠造成了巨大的压力。

爸爸之所以把朱珠送到英国读书，是因为他曾想成为一名翻译官，可惜当初家庭条件不允许，他没有出国深造的机会，就这样与自己的理想失之交臂了。于是，他就渴望女儿能传承自己的理想，替自己完成心愿。

另一方面，心智尚未发展成熟的朱珠寄宿在一个英国家庭里，虽然每个家庭成员都对她照顾有加，可每当她看到他们一家四口其乐融融地生活在一起时，她就想起远在中国的父母——她多么希望能和爸爸妈妈一起生活呀！

可每当朱珠跟爸爸商量回国上学的事情时，爸爸总是语重心长地说，当一名翻译官是他多年来的夙愿，这些年他在商海打拼就是希望女儿能有好的发展。现在有了这样的机会，就是离自己的理想又进一步，也是为女儿的将来做打算。

每次挂断电话，朱珠的眼泪就像断了线的珠子。她想念父母，想念熟悉的生活环境，可是如果她坚持回国，又会打破爸爸的美梦，那爸爸该有多伤心啊！

爸爸执意送朱珠出国留学就跟小白兔一样——完全弄反了方向！

孩子将来要在哪个地区生存和发展，要成就怎样的事业，从事什么样的行业，不是家长说了算的——孩子的天分和意愿才是决定其未来的重要因素。

况且，孩子还是一个有自我行为能力、独立思想意识的人，家长切不可将自己的意愿强加给他，不要把他当成是实现自己理想的工具。

相信每一位家长教育和培养孩子的最终目的，都是希望孩子将来能有出息、生活得好。

既然对孩子抱有如此大的希望，为什么就不能把孩子往适合他发展的方向引导呢？为什么一定要让孩子活在你过去的阴影中？为什么要拿自己的"过去"来培养孩子的"将来"呢？

圣诞节时，朱珠回国和父母团聚，跟爸爸进行了一次深谈。

朱珠认真地告诉爸爸，自己在国外的生活并不快乐——陌生的环境、陌生的家庭让她感到非常孤独，她很想回到从前的学校，和伙伴们一起学习。

爸爸很生气，斥责道："你怎么没有继承爸爸的毅力，这么点苦都吃不了吗？你现在的努力都是为了将来……"

朱珠打断了爸爸的话，认真地说："这些都是您强加给我的将来！您从来不问我的理想是什么，却要我实现您没能完成的理想，这对我一点都不公平！"

朱珠的话点醒了爸爸。是的，他从来没问过女儿想要的人生是什么样子，而是把自己渴求的人生附加到女儿身上——他只知道给女儿自己认为最好的，却忽略了那是不是女儿需要的。

"爸，我根本不想当什么翻译官，那是您的理想。我现在只想跟家人生活在一起，您根本不知道我每次看到别人一家团聚时，心里有多么难过……"朱珠抽噎着，爸爸这才知道女儿的真实想法，才知道她在国外生活的有多难过。

为人父母者，一定要多站在孩子的角度去思考问题，多给孩子一些自主选择的权利。

孩子的成长轨道，父母可以帮铺垫、给建议，但真正做决定的还是孩子自己。千万不要企图将孩子驯化成为自己梦想的实现者，不然，轻者会拉远与孩子间的情感距离，重者有可能使亲子关系破裂，反目成仇。

第 六 章

自卑情绪：鼓励与批评两者的博弈

鼓励和批评是辩证统一的关系。批评会在一定程度上挫伤人的积极性，但是也会使人受到鞭策而更加努力；鼓励是可以使人受到鼓舞而增强自信心，但也有可能使人因得到肯定而骄傲自满。

父母要尽量扬长避短，合理把握鼓励和批评的程度，让孩子在爱的鼓舞下更好地成长。

1. 对孩子过度夸奖是有害的

家长夸奖孩子要实事求是，绝不能用先天条件来否定后天的努力。要知道，努力、勤奋是多么可贵的一种精神态度，会给人带来无穷的动力。

"你怎么这么笨啊，这么简单的题目都做错！"时常听到家长这样训斥孩子。

每一个孩子都希望得到家长的夸奖，但是有些家长却很少夸自己的孩子，反而当孩子做错事时就狠狠地批评他，以为批评可以促进他们奋发图强。

殊不知，一味地批评或指责，不仅会挫伤孩子的情感，还会泯灭他们的聪明才智，对他们的心理造成一定的负担，不利于他们的健康成长。

不过，对孩子进行过度的夸奖，也是不正确的教育方法。

"宝贝，你真聪明，这么快就把数学题做完了！""宝贝，你真是太棒了，这次考试又拿到了第一名！"有的家长则会以孩子的成绩为焦点来赞美他。

其实，这种夸奖孩子的方法，我们也是不予提倡的。

聪明、智力超群是天分，是从娘胎里带出来的，跟孩子后天的努力关系不大。直接赞美他们聪明，其实是在误导他们，让他们产生一种自我优越感，这不仅起不到鼓励作用，反而会给他们的内心造成一定伤害。因为家长看到的只是他们的先天条件，而非后天的努力。

但如果家长赞美孩子拥有勤奋刻苦的精神、自我挑战的能力，对他们来说，那才是最真实的肯定。

曾看过一篇报道，说研究人员德维克对 9 岁的小朋友玛丽和 10 岁的詹姆士进行了一系列的智力测试。

第一阶段的测试，玛丽得了 8 分，德维克表扬她"你得了 8 分，成绩不错。在这些问题上，你表现得非常聪明"。在第二阶段的测试中，他问玛丽希望解决哪些问题，玛丽说："我选择擅长的，这样能展示我的聪明。"

当德维克也称赞詹姆士："你得了 8 分，学习一定非常刻苦。"詹姆士点头表示同意，之后选择了"虽然看起来我不是很聪明，但是我能在解决问题上学到很多东西"的测试题。

两个孩子同时接受了另一项测试，这项测试的难度较之前的那项要难很多。玛丽的表现一直很好，可是在解答第二套测试题时却遇到了麻烦，备受挫折。

这次测试，玛丽得了 6 分，她觉得非常不理想，情绪十分低落。

玛丽说："这些问题我回答得不是很好，但是我尽力了。其实，我认为自己真的还算聪明，只是对这些问题没有准备。"

詹姆士虽然只得了3分，但他并不气馁，仍然信心满满地进入了第三轮测试。最后，敢于正视挫折的詹姆士得了9分，而经受不起挫折的玛丽只得了3分。

美国科普作家波·布伦森曾说过："父母一味地表扬，会让孩子习惯性地努力维持聪明形象，因此他们会做最保险的选择，不希望在人面前犯任何错误。因为，如果你表现得很吃力，那就证明你不是天才。"

玛丽正是因为被人表扬"聪明"，才会为了维护自己"聪明"的形象，选择能展示自己聪明才智的题目作答。可是结果却不尽如人意，没有获得高分，这令她备受打击，在第三轮的测试中惨败。这就是过度夸张的结果。

实验中，研究人员对詹姆士的表扬比较适度，抓住他"刻苦努力"这一点进行激励，结果他越挫越勇，成功率就越高。

因此，德维克从这项实验中得出了这样的结论："表扬儿童聪明会影响他们受挫后的反弹能力，导致他们不愿意挑战自我；而表扬孩子学习刻苦，会让他们变得乐于接受挑战。"

正如爱迪生所说，天才就是1%的灵感加99%的汗水。如果将孩子取得的成就都归功于天资聪颖，就会让孩子自恃聪明而放弃勤学好问的好习惯，以为自己聪明就会无所不能，从而在一定程度上助长孩子浮躁的作风。

家长夸奖孩子要实事求是，绝不能用先天条件来否定后天的努力。要知道，努力、勤奋是多么可贵的一种精神态度，它会给人带来无穷的动力。

鼓励孩子发愤图强、百折不挠，才是家庭教育的精髓所在。

对不同年龄、不同性格的孩子进行表扬，还要注意用不同的语言和语气。

对婴幼儿和具有自卑感的孩子，表扬的语言可以夸张一些，以增强激励的效果。

对于高年级学生，则可以用比较平和的语气实事求是地表扬，表扬适度才不易使孩子因为获得成功的喜悦感而骄傲自满。

对那些具有自满情绪的孩子进行表扬，既要充分肯定，也不要过于夸张，最好是在表扬的同时也指出他们的缺点，遏制他们骄傲自满的情绪。

教育孩子是一门高深的学问。

该赞美的时候要赞美，该奖励的时候要奖励，但是该批评的时候也要适度地批评。只有将批评和表扬有机地结合起来，对孩子的成长才是最有利的。

2. 敏感而自卑的孩子，需要不断鼓励

孩子产生自卑心理的最大根源是，他们以为自己没有能力做好某些事，也相信自己不会有做好那些事的能力。

当看到孩子拿着杯子去接热水时，父母会因为担心孩子被烫伤，大步流星上前接过孩子手中的杯子帮他们接。

这在父母眼中是爱，但在孩子眼中却是一种不信任，会使孩子产生挫败感，从而认为自己是个无能的人——连接杯热水都做不好，进而就会产生自卑心理。

在网上看到这样一个故事：一个 3 岁的小朋友在用字母玩具拼字时，意大利的皇后走到他面前，要求他拼出"意大利万岁"几个字。但这个孩子依然平静地玩拼字游戏，仿佛没听到皇后的命令。

老师都以为小朋友不会拼，可是不一会儿，小朋友完成手中的事情后，从容地用字母拼出了"意大利万岁"这几个字。

原本大家都以为这个孩子还小，拼不出这几个单词，但结果却出乎所有人的意料——这个孩子不但做得到，还做得很好！

大多数家长都以为，替孩子做好他们难以完成或潜在危险的事情是爱护孩子的表现，实际上那是危害孩子的行为。这样的家长，是在用他的行动明确地向孩子传递了这样的信息："你不行！"一次，两次，多次下来，孩子就会以为自己真的做不好。

当"我不行"的信息在孩子心中扎根之后，孩子做任何事都会没有信心，离开了父母会浑身不自在，觉得自己什么都做不好。

孩子产生自卑心理的最大根源是，他们以为自己没有能力做好某些事，也相信自己不会有做好那些事的能力。但实际上，他们未必做不好那些事。

家长切不可越俎代庖，不能什么都帮孩子做，要给孩子锻炼的机会，要给孩子接受一定挫败感的考验，让孩子在失败中成长。

对于孩子因为父母的过度保护和溺爱产生的自卑心理，父母应该及时自我检讨，调整教育方向，鼓励孩子尽快将"我不行"这种负面信息摒除，然后给孩子传递一种正能量信息："你能行！"

兰兰是独生女，她的父母常年在商海打拼，为的是能让兰兰过上好生活，接受最好的教育。于是，兰兰到了四年级的时候，爸爸妈妈费了好大劲才把她送到贵族学校就读。

可新班级的同学非富即贵，每个人都穿得光鲜亮丽，而且大多数人都有名车接送，这让兰兰很有压力。

不过，兰兰还是很友好地和他们相处，就算同学们不怎么搭理

她，她还是主动跟他们打招呼。可是班里的同学并不领情，他们认为兰兰来读贵族学校，主动跟大家示好是想和有钱人交朋友，所以同学们都看不起她。

有几个刻薄的女生，还当着兰兰的面说出"没那么大的头就不要戴那么大的帽子""身家不够丰厚，又不是生于官宦之家，就不要硬来这种学校读书"这些伤人的话。

兰兰为此很气愤，刚开始还会跟她们理论一下，但是被说得多了，她也就不再搭理。

几个月下来，兰兰的性格有了很大的变化，她开始变得敏感多疑——同学们聚在一起聊天，她就会以为大家在说自己的坏话；上课回答问题的声音也不再洪亮了；受到同学的欺负，不回嘴也不告诉老师；在学习上遇到了困难，也不找老师帮忙解决。

反正遇到什么事，她都憋在心里。这些情况的出现，都是自卑心理在作怪。

孩子因为环境变化、周围人或事的影响而产生自卑心理，是因为家长忽视了对孩子适应能力的教育。当然，兰兰产生自卑心理的根本原因，是因为家长将她放置在一个不利于成长的环境——在格格不入的环境下成长，兰兰自然难以适应。

遇到这样的情况，家长首先要做的是转变环境，不能再让孩子在不利于她成长的环境中继续成长。其次是培养孩子乐观的心态，因为乐观的人遇到困难会满怀信心将其克服。再就是鼓励孩子多与外界接触。

鼓励是对自卑的孩子最大的帮助，总之，对于自卑的孩子，家长要尽量少批评、多鼓励。

当自卑的孩子受到他人的鼓励、肯定，慢慢地树立起足够的自信后，他们才能有勇气尝试陌生的事物。这样，孩子才能变得勇敢、坚强，自卑心理才会慢慢消失。

3. "没心没肺"的孩子，在批评中才能进步

家庭教育是一项系统工程，不仅要"育"，更重要的是要"教"。对于孩子做得好的地方，一定要给予表扬和奖励；对于孩子做错的地方，绝对不能姑息，要严厉批评，让孩子在批评中不断进步。

浩然在网络游戏中认识了四个网友，相约出来吃了几次饭后就熟络了起来。网友骗浩然说他们在重点中学读书，学习成绩还不错，但是因为学习压力太大，所以他们常常会一起出来玩，缓解一下学习压力。

单纯的浩然相信了，他哪里想得到这几个十四五的少年虽然看起来像优等生，可他们根本不务正业，经常逃课出去玩。

一天晚上，网友约浩然一起去吃大排档，其中一个少年不知道

为什么跟一位客人起了冲突，另外三人很讲"兄弟义气"，也跟那位客人动了手。

碰巧派出所的警务人员路过，及时制止了斗殴，没有造成什么严重影响。

浩然虽然没有参与群架，但也被警察带回警局问话。做笔录的时候，浩然才从警察口中得知，原来这四个人根本不是优秀学生，而是不良少年，经常做一些偷鸡摸狗的事。

浩然当即表示很后悔，不该跟这些人为伍。

警察见浩然态度很好，进行了一番批评教育后，就给他的家长打电话，叫家长把他领回家。爸爸为此气得火冒三丈，刚回到家就打了浩然一巴掌，厉声问他："为什么要跟那些人混在一起？为什么跟他们一起打架？"

"我以为他们都是好学生，所以才跟他们玩的。我真没跟他们一起打架，我当时只是跟他们出去吃饭，真的没想到会发生后面的事……"

爸爸根本不相信浩然的话，指着他的鼻子骂道："你知不知道，打架斗殴是犯法的事！那几个学生干了多少偷鸡摸狗的事，你还跟他们交朋友，一起吃饭、打架，你是成心气我跟你妈！"

"我真不知道他们是坏孩子，我也没跟他们一块打架！"

"还敢顶嘴！"爸爸愈发恼火，高高扬起手臂想揍他一顿，却被妈妈制止了。

妈妈把浩然带到书房，语重心长地说："浩然，你跟那些坏孩子一起玩会被带坏的，要是哪天你跟着他们做了违法的事，你还会有前途吗？我和你爸爸又该多伤心啊！"说着，妈妈的眼眶湿润了。

浩然顿感内疚，诚恳地说："妈妈，对不起，我知道错了。我以后再也不跟他们来往了！"

"你这次差一点就成为'问题少年'了！我跟你爸接到派出所的电话，心都提到了嗓子眼，要是你触犯了法律，我跟你爸该怎么办啊？"

"妈妈，对不起，我知道错了。我改，我一定改，我以后一定不会再让你们操心了！"

妈妈看出浩然真的认识到了错误，再三叮嘱他交友一定要慎重，不能再犯同样的错误。

爸爸妈妈失望、伤心的模样刺激了浩然，让他认清了自己的过错——向妈妈承认错误后，他又主动向爸爸进行自我检讨，并表示以后再也不会犯这种错误了。

每个孩子都会犯错，都是在不断犯错、不断改正中成长的。

家庭教育是一项系统工程，不仅要"育"，更重要的是要"教"。对于孩子做得好的地方，一定要给予表扬和奖励；对于孩子做错的地方，绝对不能姑息，要严厉批评，让孩子在批评中不断进步。

看到这里，家长该疑惑了，怎样批评孩子，才能帮助孩子改正错误且又不会伤到孩子的自尊呢？

当家长得知孩子犯错时，第一反应必定是要好好地收拾他一顿。

所谓的"收拾"，包含有责骂和批评两重含义。如果过分责骂，甚至动手打孩子，不但难以纠正孩子的错误，还会促长孩子的叛逆心理，到时孩子来个"破罐子破摔"那就麻烦了。

所以，家长不能急于批评孩子，要先给孩子申辩的机会，让孩子交代清楚犯错的原因。如果是无心之失且又是无伤大雅的小错误，简单批评几句，然后督促孩子改正就好。但如果错得实在太离谱，就要"动之以情，晓之以理"，让孩子完全明白自己错在了哪里，做错的后果是什么，要怎样才能改正。

家长在批评孩子的时候，务必要注意自己的行为和态度，不能因为一时气愤，控制不了自己的情绪打孩子。不是每个孩子都会像浩然那样既能接受批评，又能忍受得了爸爸的巴掌的。

家长在批评孩子的时候，千万不要用训斥、责怪和埋怨的态度和语言。批评孩子的目的，在于帮孩子改正错误，提高分辨是非黑白的能力、约束他们的不良行为。家长的态度可以严肃一些，但是语气要和缓，不能让孩子产生逆反心理。

孩子的自尊心很强，所以，家长不能在有外人的时候批评孩子，且在批评的过程中不要老翻旧账——之前做得不好的地方不要一生气就拿出来说，让孩子永远活在"错一次，一辈子都错"的阴影里。

有专家指出，在批评孩子的时候，或拉着孩子的手，或抱着孩子的肩，或两眼直视孩子的眼睛，一边用身体的一部分接触孩子，一边批评教训，能达到恩威并施的效果。

最后，如果孩子受了批评教育后能及时改正错误，要不吝啬地给予他们表扬，以资鼓励。

4. 要批评，而不是冷嘲热讽

批评不仅是一种教育手段，也是一种微妙的家教艺术。批评的目的并不是责骂和惩罚，而是促进孩子改正缺点和错误。

爸爸教莎莎背一首古诗，莎莎背到一半不记得了，妈妈指着莎莎的额头就骂道："你怎么那么笨啊？一首古诗都背不下来！"

妈妈让绒绒做一道应用题，绒绒做了两次都做错了，爸爸生气地将作业本扔在地上，破口大骂道："你这脑袋瓜子都想些什么呢？这么简单的题目都会做错，我怎么生了个你这么笨的女儿啊！"

莉莉放学回到家，才发现自己的数学作业本忘带了。这可怎么办呀，明天还要交作业呢！她只好央求妈妈带她出去买一本新的作业本。

虽然妈妈接受了莉莉的请求，带她去超市买了新作业本，但是一路上妈妈都在骂她记性差，说她不带脑袋去学校。

莉莉委屈地哭了。

以前家长奉行的是"棍棒底下出孝子"的家教方式，但是在反对家庭暴力的呼声中，家长知道打孩子是不对的，渐渐纠正了这种教育方式。但同时，一种新的家教方式应运而生——语言暴力！

家长不再拿棍棒打孩子了，而是挖苦孩子，对孩子冷嘲热讽。一句句冷言冷语，像针一样深深地刺痛了孩子的心灵——要知道，语言的伤害有时比一顿毒打要还让孩子难受！

有关专家指出，长期生活在语言暴力环境下的孩子，不仅生长发育会受到一定的阻碍，心理和精神上也都会受到严重的影响。

经常对孩子实施语言暴力，会摧残孩子幼小的心灵，造成孩子情绪不稳定，内心缺乏安全感，严重者可能会产生说谎、偷窃、自闭、精神抑郁等极端行为及精神障碍，长大后还可能会形成攻击性人格。

这种方式不利于孩子的成长，还会对社会造成一定的危害。

批评不仅是一种教育手段，也是一种微妙的家教艺术。批评的目的并不是责骂和惩罚，而是促进孩子改正缺点和错误。由于孩子具有一定的叛逆性，批评的方式和方法要是不得当的话，不仅收不到预期的效果，还可能造成更加严重的后果。

这天，幼儿园的张老师带着"阳光班"的小朋友到公园进行课外活动。黎黎爸爸正巧在公园散步，看到"阳光班"正在上户外课，就偷偷地站到一旁观察黎黎上课的情况。

张老师看着公园里生机勃勃的柳树，决定教小朋友背唐诗《咏柳》。她教了大家几遍，小朋友都能在老师的提示下背出古诗，只有黎黎支支吾吾背不出来，大家都在笑话她。

其实，这首古诗妈妈已经在家教过黎黎了，爸爸认为黎黎不该出现这种失误，顿时对她失望极了。

下午妈妈接黎黎回到家，爸爸故意问她："今天在幼儿园学什么了？"

黎黎掰着手指，一一举例说："算数、画画、做游戏、背唐诗。"爸爸轻哼一声，冷言冷语道："我看你就会做游戏，别的都学不会。"

黎黎小声地说："我会。"

爸爸将在公园里看到的一幕说了出来，还质问黎黎平时是不是老捣蛋，责骂她比其他小朋友都笨。

爸爸的话深深地伤害了黎黎弱小的心灵，只见她含着泪望着爸爸，用颤抖的声音一字一顿地把《咏柳》背了出来。

从那以后，黎黎对背诵、朗读产生了抵触心理，每次老师让她朗读，她都念得不流利。她甚至厌恶背诵、朗读，觉得是背诵、朗读害她被爸爸责骂，是背诵、朗读让她在其他小朋友面前出丑。

如果站在爸爸的角度来看，黎黎明明可以获得老师的表扬，可却因为她的不用功导致被小朋友嘲笑，相信爸爸的心里也很难过。可是作为孩子最亲近、最信任的人，却用侮辱性的话语责骂孩子，对孩子来说又是一种怎样的伤害啊！

　　昊天在老师眼中是个活泼好动、性格外向的孩子。在学校里，他一下课就捉弄女同学，上课时总问老师一些稀奇古怪的问题，还和周围的同学聊天，破坏课堂纪律。

　　开家长会时，老师把昊天在学校的表现一一告诉了他爸爸。

　　回到家之后，爸爸把昊天锁在房间里让他反省。他哪里肯反省，在房间里大吵大闹，爸爸气得一直骂他："没用的家伙！混账小子！不成器的坏孩子！"

　　爸爸的辱骂和房间反锁的教训都没能让昊天认识到错误，反而让他开始旷课、逃学、通宵玩游戏，像是变了个人似的，成了名副其实的"问题学生"。

　　不要以为孩子是自己生的，就可以随意指责和辱骂他们；别以为自己抚育了他们，就可以不顾他们的感受，藐视他们的自尊心。

　　家长批评、教育孩子，一定要通过讲道理、剖析问题的方式，绝不能给孩子脸色看，更不能用讽刺性的语言辱骂他们，否则后果真的不堪设想啊！

第七章

理解情绪：不要抱怨孩子总不理解你

理解是相互的。

想要孩子理解自己，首先就要理解孩子，用孩子的眼光去看世界，用孩子的内心去感知生活，用孩子的语言去描述未来……

你会发现，孩子的心和你的心其实已经贴得很近很近了，这样的亲子关系，还会有抱怨，还会有不理解和矛盾冲突吗？

1. 谁该照顾谁的情绪

孩子不理解父母，并不是他们不爱父母，而是由于他们自身的体会，导致他们无法设身处地地站在父母的角度和立场去思考问题。

古语有云："不登高山，不知天之高也；不临深溪，不知地之厚也；不闻先生之遗言，不知学问之大也。"

这句话的意思是：没有站在高山的顶端，就不知道天空的高远；没有俯瞰深深的溪谷，就不知道大地的厚重；没有聆听先王的教诲，就不知道学问的广博。

生活中有很多事，你没有经历过就不会有切身的体会，只有经历过才能真正体会到个中滋味。孩子不理解父母，并不是他们不爱父母，而是由于他们自身的体会，导致他们无法设身处地地站在父母的角度和立场去思考问题。

所以，有些家长会这样安慰自己：等到孩子成家了，有了自己的孩子，就会理解父母的苦心了。然而，等到那时自己已经白发苍苍，孩子纵有再多的理解，也追不回你曾经失去的亲子关系。

周末，莎咏跟几个同学约好一起去游泳。出发前，莎咏想让妈妈送自己和同学汇合。妈妈说自己今天很忙，没有时间接送她，让她自己乘坐公交车去。

下午两点，莎咏来到游泳馆。杨洋妈妈见莎咏一个人来，笑着说："莎咏，你真勇敢，这么小的年纪就敢自己坐公交车了。杨洋，要向莎咏多学习呀！"

不过，莎咏听了杨洋妈妈的话，心里很难过，她多希望自己能和杨洋一样得到妈妈的关心。

半个多小时后，莎咏游累了想上岸，可就在爬上岸的一瞬间，她脚底一滑掉进了水池中。幸好杨洋妈妈及时拉住了她，她只是呛了几口水，并不严重。

此时，莎咏既害怕又难过，哭着想找妈妈。

杨洋妈妈给莎咏妈妈打电话，把莎咏的情况告诉了她，请她尽快过来安慰一下孩子。无奈，莎咏妈妈只好放下手头工作，去游泳馆找莎咏。

一见到莎咏，妈妈并没有关心、安慰她，反而责备说："莎咏，你今年都五年级了，怎么还那么不懂事？你不知道妈妈近期的工作有多忙啊，还总是有事没事地找我过来。哎，你这孩子真是太不让我省心了。"

莎咏听了这话十分委屈，眼泪在眼眶里打转。

回家的路上，妈妈还在对莎咏说教，说别人家的孩子多么懂

事，并责备莎咏打扰了她今天的加班。莎咏低着头嘟囔说："为什么杨洋妈妈那么关心她，你一点都不关心我？"

"我还不关心你？我一天忙到晚为了谁，还不是想多挣钱，让你过上好的生活！"妈妈生气地说道。她也很伤心，觉得女儿一点都不理解自己。

孩子不理解父母，最让父母伤心了。想想，自己含辛茹苦地把孩子拉扯大，细心照顾、用心呵护他们，可是到头来，竟然换来他们的不理解，甚至是指责，多么让人寒心啊！

其实，孩子出现这样的情况，父母是有很大责任的。

如果孩子比较幼稚，思想狭隘，往往是因为父母读书少，知识贫瘠。

如果孩子的情绪暴躁，易受刺激、易冲动，往往是因为父母在遇到问题的时候，常常想到的是用武力去解决。

如果孩子不爱卫生，很邋遢，做事拖拖拉拉，往往是因为父母懒惰，没有上进心。

如果孩子自制力差，没礼貌、没教养，往往是因为父母行为不检点，有不良嗜好。

如果孩子很自私，总是只顾自己不顾父母的感受，往往是因为父母没有教会孩子如何去理解他人，没有给孩子做出一个效仿的好榜样。

所以，父母在抱怨孩子不理解自己的同时，是不是也要检讨一下自己有没有理解孩子，有没有好好教育孩子，有没有以身作则？

在教养孩子的过程中，父母扮演着物质提供者、命令发布者、理论灌输者和生活照顾者这四个角色。这些角色，是带着双向箭头的。

当父母到了一定的年龄，孩子长大了，那么，到时扮演这四个角色的人就变成了孩子。也就是说，父母和孩子之间谁照顾谁、谁理解谁，是双向的互动。父母要想孩子管理好自己的情绪，理解自己的行为，那么自己要先理解孩子、照顾孩子的情绪。

如果一切都是父母做主，没有孩子的参与，也没有考虑到孩子的感受，更没有征求孩子的意见，即使孩子照做了，结果也会不如意的。

当然，还有另外一种情况——很多孩子正是因为得到了父母无微不至的关怀，凡事按照自己的意愿让父母承担、帮忙完成，才使之养成了自私自利的个性，不会理解他人的行为习惯。

孩子的这种个性，在让父母感到失望和心寒的同时还会感到担忧——孩子如此成长下去，会变成什么样子啊？能经受得起挫折的考验吗？能在社会上很好地立足吗？

这就需要家长及早地进行指导和教育，尽早弥补孩子的缺点。

2. 用孩子的视角看世界

很多时候，我们难以明白孩子真正的想法，会觉得孩子这样那样的想法是错误的，是不符合逻辑的。但是，孩子为什么会出现那些在我们看来是不符合现实因素的想法呢？那是因为，孩子的思维方式跟我们成年人是完全不一样的。

有一次，在网上看到一条学生热衷于"当干部"的新闻：

不少学校为了解决人人都想当班干部的局面费尽心思，有采用轮流值周当班干部的，有给班里增设"门官""灯官"各式新官职的，有的还大费周章用"总统选举"的方式来选拔学生干部。

这不禁让人有些忧心：社会上所存在的"官场热"之风气已蔓延到了校园，让纯真的孩子过早地体验了官场上的风云变化，这侵蚀了孩子天真无邪的幼小心灵，对他们的成长具有一定的危害性。

"小学生中的'官'，此官非彼'官'。他们通过自身努力成为班委干部后，获得成就感的同时，往往更会有一种危机意识，鞭策他用更强的自我约束能力，更强的责任感来以身作则，从严要求自己。这样不知不觉中，孩子的积极心态、服务意识、工作能力就得到了锻炼和进步。

　　"或许有一天他们真正成长为官时，小时候在他们脑海里种下的这些阳光正面的班委形象的种子，可以撑起他们风清气正、务实清廉的好作风，成为好干部，人民的好公仆。"

　　中国江西网一篇题为《用成人视角看孩子世界的"干部"热，要不得》的报道中，对此是这样评述的。

　　从我们成人的角度来看这个"干部热"问题，的确会觉得存在着很多利益牵扯，认为这是不正之风，应该制止。但是从孩子的角度来看，"我凭借自己出色的表现和能力当成班干部，那不是对我能力的一种认可吗？让我感觉到自己的努力是有成果的，进而推动我继续努力的决心"。

　　如果家长能从孩子的角度来看待这个问题，必然会给予孩子精神上的支持，给予孩子积极、正面的引导，鼓励孩子更好地履行班干部的职责，团结好同学，为集体服务。

　　很多时候，我们难以明白孩子真正的想法，会觉得孩子这样那样的想法是错误的，是不符合逻辑的。但是，孩子为什么会出现那些在我们看来是不符合现实因素的想法呢？那是因为，孩子的思维方式跟我们成年人是完全不一样的。

　　茵茵跟爸爸去户外写生，她望着天上的那轮红日，却画了一个绿色的太阳。

　　爸爸说："茵茵啊，太阳明明是红色的，你怎么将它画成了

绿色的，重新画一幅吧！"

茵茵并没有重画，而是在绿色的太阳下面画了几棵红色的大树和彩色的蘑菇。

爸爸有些生气了，觉得茵茵是在捣蛋，正准备将她"胡乱"画的画撕掉时，茵茵问道："爸爸，红色的太阳很热，绿色的太阳会不会让人凉快一点呢？"

爸爸愣了一下，问茵茵："为什么你的树是红色的，蘑菇是彩色的呢？"

"奶奶说太阳大的时候要躲在绿树下乘凉，现在太阳变成绿色的，凉快了，树木就可以是红色的了，红色的漂亮！蘑菇是彩色的，小朋友才更容易看到，更容易采到啊！"

孩子在日常生活中，常常会冒出一些稀奇古怪的想法。这些想法在大人看来可能有些幼稚、胡闹，但是，只要我们尝试着蹲下来，放低身段，用孩子的视觉去想、去看时，我们必定会有不一样的收获。

为此，我们要给予孩子一定的肯定，让孩子更加充分地发挥自己的想象力，而不是扼杀他们的想象力，直接告诉他们现实世界真实的样子。

个子高的人与个子矮的人看东西的观感会不太一样，因为视线的落脚点不同。同样，大人和孩子同时看一样东西，大人会先看到跟自己视线平行的地方，也就是物体的上半部分，而孩子因为身高的问题，会先看到物体的下半部分。

伯尔·斯蒂尔执导的电影《重返 17 岁》，讲述的是这样的剧情：陷入中年危机的主人公迈克回到了 17 岁，但是周边的人和事都没有改变，他便以 17 岁的身份进了一所中学就读。

因为跟儿子女儿的年龄相仿，他便用了平等的眼光来看待他们，代沟因此慢慢缩小了。在跟儿子女儿的相处过程中，他逐渐理解和感受到了儿女青春期的情感萌动和叛逆心理，悟出了一个道理：改变一下自己的心态，会使生活变得更加唯美；改变一下自己的视角、看法和态度，会让亲子关系变得更加亲密。

现在很多家长都为自己的孩子开通了微博或是微信，每天都会以孩子的口吻发点小心情、小故事。这不仅是在给孩子的成长做简单的记录，而且还能让家长站在孩子的角度去看待一些人和事。

"今天妈妈给我做了七色饺子，太漂亮了，我好喜欢吃哦！爸爸，你快点回家吃饺子吧，我都吃了 5 个，你再不回来，我跟妈妈就把它们统统吃掉啦！"这是晶晶妈妈发在微信朋友圈的话。

"爸爸说天晴了就带我去公园玩，我今天看了窗外很多次，雨什么时候能停呀？太阳公公去哪儿了，快点出来把雨给赶跑吧，我想去公园玩！"这是亮亮妈妈发在新浪微博的话。

"晚上，爷爷给我洗脚，妈妈问我长大了要不要给爷爷洗脚。我说，我要给妈妈、爸爸还有爷爷都洗脚。妈妈夸我是个懂事的孩子！"这是匀匀妈妈发在腾讯微博的话。

生活是个大舞台，观众可以从各个角度去看。家长要是带着童

心，站在孩子的立场去感受生活，用孩子的语言去描述世界的话，你会发现这种美好是我们大人的世界里所没有的。

你也会发现，孩子的心和你的心从未贴得那么近过；你还会发现，孩子的心思你从未感觉得那么透彻过。

3. 先学会理解孩子吧

身为孩子的终生老师，家长务必要学会尊重和理解孩子。理解孩子包含三方面的内容：理解孩子的愿望，理解孩子的行为，对孩子的行为做出良性反应。

娅娅怯怯地问妈妈："妈妈，这周末你要加班吗？"

妈妈以为娅娅想让自己陪她出去玩，故答道："现在还定不下来，等周五的时候才能确定。"

娅娅面露难色，小声地又问："妈妈，能不能早一点决定啊？"

"怎么，你想妈妈周末带你去哪里玩吗？"妈妈试探着问娅娅，"是不是想去公园？"

"不是。"娅娅摇摇头，一副欲言又止的模样。

"说吧，你的小脑袋里到底装有什么想法？要是不想去公园，想去其他地方不妨告诉妈妈，我尽量抽出时间满足你的要求。"

"其实，其实……"娅娅想了想，结结巴巴地说，"其实，我是希望妈妈周末加班。"

啊！妈妈简直不敢相信自己的耳朵！娅娅居然希望自己周末加班？她难道不想妈妈带她出去玩吗？难道不想跟妈妈一起过个快乐轻松的周末吗？妈妈感到十分不解。

"为什么？"妈妈好奇地问。

"妈妈，我想——我想周末请同学到家里来玩，所以……所以希望妈妈加班，不在家。"娅娅低着头，小声答道。

"妈妈在家，你一样可以请同学来家里玩啊！妈妈还可以为你们准备好零食。"妈妈有些不明白，为什么娅娅请同学来家里玩要妈妈回避——妈妈在家，他们会玩得不开心吗？

"有爸爸妈妈在，我们不自由。"

娅娅的话让妈妈有些难过。她原本以为自己跟娅娅可以像姐妹一样相处，娅娅绝对地信任她、爱她，会让她进入自己的小圈子，自己却没想到她还是被排除在了娅娅的小生活圈子之外。

周末到了，妈妈以加班为由，在给孩子们准备好零食之后便离开了，让他们自由自在地在家里玩。

可妈妈还是有点不放心几个孩子自己在家，故偷偷地在门外守着。妈妈透过玻璃窗，看到屋里的孩子好像是在过家家，有的抱着个布娃娃一边唱歌、一边哄，有的在用塑料锅碗瓢盆煮菜做饭，有

的在用玩具扫把扫地，孩子们玩得似乎很开心，欢声笑语此起彼伏。

妈妈被家里轻松自在的情景给打动了，她终于明白为什么娅娅不让她留在家里跟他们一起玩了——要是她留在家里的话，孩子们一定不会玩得那么欢快。于是，她悄悄离开了，留给孩子一个完全自由的空间。

这之后，妈妈开始反思，自己是不是不够理解娅娅。她其实并不是不信任妈妈，也不是不爱妈妈，只是她需要一个小小的圈子，只属于她和她的小伙伴的圈子，不容大人侵犯的小圈子。

有位教育家曾说过这样一句话："母亲最好只有一只手。"

娅娅妈妈初看到这句话时，有点无法理解。人不都是有两只手吗？为什么母亲却只能有一只手？

后来经历了娅娅把同学请回家玩，却希望妈妈不在场这件事后，她终于明白了这句话的涵义：家长要对孩子放开另一只手，要理解孩子，给予孩子一定的自由。

教育的艺术不仅在于传授知识和技术，而更主要的是理解、激励和鼓舞。身为孩子的终生老师，家长务必要学会尊重和理解孩子。

理解孩子包含三方面的内容：理解孩子的愿望，理解孩子的行为，对孩子的行为做出良性反应。那么，家长要怎样才能做到尊重和理解孩子呢？

一、要对孩子有礼貌

不要以为自己给予了孩子生命，给予了孩子良好的生活条件，就可以把孩子当成自己的"附属品"——我们应该把孩子看成是独立自主的个体，跟自己的关系是平等的。

比如，需要孩子帮忙的时候，要说"请"；当孩子帮了自己忙的时候，要说"谢谢"；当自己错怪了孩子并伤害了他，要对他说"对不起"。

做个有礼貌的父母，孩子也才会有礼貌。

二、摒除专制作风

要常跟孩子沟通和交流，虚心听取孩子的意见和建议，不能把孩子当成自己的私有财产，任意命令和驱使。

三、不要总拿别人家孩子的优势跟自家孩子的劣势比

每个孩子都有其长处和短处，要善于观察孩子，知晓孩子的长处，经常在人前人后夸奖孩子，鼓励孩子，使孩子增强自信心。

四、惩罚要适度

孩子犯了错，一定不能过度惩罚，且惩罚的方法也要讲究——切不可拿孩子来出气，任意践踏孩子的自尊，用侮辱性的话语攻击孩子。

五、不要总用自己的标准去要求孩子

不要逼着孩子去学钢琴或是书法、绘画，要让孩子自己选择参加什么兴趣班；不要硬是逼着孩子将来要成为什么什么家，要让孩子自己选今后要走的路。

六、不要窥探孩子的小秘密

孩子一天天长大，总会有些小秘密、小隐私藏在心里。他们或

许会写在日记里，或许会写信告诉自己的好朋友，家长千万不要偷看孩子的日记或是信件，更不能为了打探孩子的小秘密而跟踪孩子。

七、给孩子一个自由的空间

孩子大了后会有自己的朋友，自己的活动天地，节假日的时候不要总是让孩子陪自己走亲访友，要让孩子自己支配节假日，自己安排活动。

八、尊重孩子的意愿

当孩子决定放弃做某一件事时，若是劝诫不了，对孩子的成长又没有什么不利的话，不要横加阻拦；当孩子面临选择时，可以给予孩子一定的指导，但是不能代替孩子做决定。

九、家庭教育要与学校教育、社会教育紧密结合

家庭教育要讲究方法，要持之以恒，家长要常常跟学校老师交流孩子的情况，制订出有效的家教计划，同时亦要多鼓励孩子参加有益的社会活动。

十、不要让孩子卷入家庭矛盾的旋涡中

夫妻闹矛盾不能拿孩子出气，要是夫妻感情破裂了，要主动跟孩子道清原委，不能刻意避而不谈，要让孩子知道即使爸爸妈妈分开后，还是爱他的。

4. 先打开自己，再打开孩子

家长想要知晓孩子的心事，想要跟孩子成为最好的朋友，想要孩子在自己面前打开心门，那么，自己首先要向孩子打开心门。

曾经在网上看到过这样一个故事，说的是一位离异母亲独自带着儿子艰难生活。

这位母亲为了不让年幼的儿子受委屈，不被贫穷所累，每天都拼了命地赚钱，打好几份工。很多时候，她会因为工作太辛苦而把自己的身体累垮，晚上下班回家后，躺在床上连动一动的力气都没有。

幸运的是，她的儿子非常懂事，一直陪伴在她床边尽孝，让她看到了生活的希望。

但是随着年龄的增长，儿子进入了青春叛逆期，脾气和性格都开始有了改变——不仅经常去网吧玩游戏夜不归宿，说他他还顶嘴，学习成绩也是一落千丈。这让妈妈操碎了心。

可能是到了更年期的缘故，也可能是太操心的缘故，妈妈的脾气也变得越来越暴躁。

那天，儿子如往常一样放学后在网吧打完游戏才回家。妈妈见他又是很晚回家，火气上来了，冲他大吼道："你少玩一天游戏会死啊？怎么就不见你少看一会儿书就难受啊？"

妈妈话音刚落，儿子就顶撞她："火气怎么总是那么大？吃了火药吗？拜托你少在我耳边吵，烦死了！"

看到儿子一副满不在乎的样子，她一个巴掌甩了过去。打在儿身，痛在娘心啊！儿子还没反应过来，妈妈已经泪眼模糊了。

这是她离异后第一次哭得这么伤心。当初前夫背叛她时，她都没有哭；老公说不要她们母子俩的时候，她也没有哭；她一个人带着孩子，每天至少打3份工，半夜下班回到家累得半死，她没有哭——但是儿子嫌她烦，嫌她吵，她却哭了！

她这么辛苦地活着是为了什么？还不是为了儿子！可是儿子却不理解她，不知道她心中的苦楚，居然还嫌弃她！她越想越觉得委屈，越觉得委屈哭得就越大声。

儿子看着妈妈伤心流泪的样子，忍不住上前抱住她，轻声安慰她。

妈妈靠在儿子的肩膀上，喃喃地说道："妈妈常常跟你发脾气，是因为觉得你太不争气、太不让妈妈省心了。以后你能不能乖一点，不要惹妈妈生气，常常跟妈妈聊聊天，也关心关心妈妈。妈妈一个人养这个家，真的好累啊！"

听了妈妈的话，儿子泪如雨下，他一直以为做事干练的妈妈是强大的，是不会被任何事打倒的，但妈妈竟然也有软弱的一面，也有流泪的一天！

　　儿子紧紧地抱着妈妈，原来，坚强的妈妈也需要人关怀。爸爸已经不要她了，他可不能再对她不好，他要疼惜她，要爱她，不能再让她活得那么辛苦了！

　　儿子这么想着，也这么做了。

　　那天之后，儿子不再沉迷于网络游戏，放学后就开始写作业，有了空余时间还帮妈妈做家务活。母子俩还经常一起聊天——妈妈跟儿子说些自己工作上的事，儿子则跟妈妈分享他在学校里的一些趣事……

　　妈妈向儿子打开了心门，儿子也向妈妈打开了心门，母子俩的关系日渐亲密起来。

　　其实，不管是成年人还是孩子，都需要一个知心朋友听自己倾诉，跟他分享自己的喜怒哀乐。

　　对于我们成年人来说，在这个世界上我们最信任的人会是谁呢？当然是跟我们血脉相连的孩子了！对于孩子来说，这个世界上最值得他们信任的人又是谁呢？孩子最想跟谁说心里话呢？当然是给他们生命的父母了！

　　我们需要孩子做我们的倾听者，孩子也需要我们做他的倾听者。

　　萱萱回到家，跟妈妈打了声招呼后便回房间了。

　　妈妈做好了晚饭，叫她出来吃，她"嗯"了一声继续写作业，

并无出去吃饭的念头。

妈妈在餐桌上等了她好一会儿，有些不耐烦了，又催促她快点出来吃饭。可萱萱依然不为所动，坐在书桌前继续写作业。

"萱萱，妈妈在等你吃饭呢，叫你几次了，你怎么还不出来啊？"妈妈有些生气了，口气很不耐烦。

"你先吃吧，我没胃口。"萱萱说。

妈妈听完，气得火冒三丈，快步走进萱萱的房间，强行要把她拉出来吃饭，边拽她边生气地说："吃饭时间不吃饭装什么勤奋啊？赶紧出去吃了饭再做作业！"

"现在不想吃，等做完珠算作业再吃！"萱萱反抗着，就是不肯离开书桌。

"你今天怎么回事？一回来我就觉得你不对劲了，不说话、不吃饭的，你想干吗啊？"妈妈松开了手，双手抱胸，一副审讯犯人的模样。

"我没闹，我能闹啥啊？难道什么都要跟你说吗？我什么时候吃饭、写作业都必须听你的吗？"萱萱不知哪来的勇气，居然怒气冲冲地顶撞妈妈。

"欧萱萱，你说什么呢？"妈妈被萱萱的话气得脸都绿了。

萱萱指着书桌上的珠心算作业，说："我喜欢的是唱歌和跳舞，你却给我报珠心算班，你凭什么替我做决定啊？"

"你没跟我说过，我怎么知道你喜欢什么啊！"

"那你问过我吗？没问过我就直接帮我报班！"

"你爸爸和我都是会计师，我们觉得让你学珠心算，可以……"

"我不喜欢珠心算！"萱萱一把抓起书桌上的珠心算作业本丢在了地上，"我不要学这个！"

母女俩就这么你一句我一句地吵了起来，越吵越激烈。

试想一下，假如妈妈在帮萱萱选择兴趣班的时候能跟她商量一下，或者萱萱曾跟妈妈提起过自己喜欢唱歌、跳舞，想参加这样的兴趣班的话，母女俩就不会经常吵架，自然也就不会因此而影响母女俩的感情。

沟通真的不仅仅是单方面的事，需要双方的共同努力。家长和孩子要多沟通、多交流，彼此向对方打开心门，彼此多听听对方心底的声音，亲子关系才会和谐稳定。

5. 征服孩子的内心，才能赢得理解

要想得到孩子的理解，务必要先征服孩子的内心。要征服孩子的内心，"投其所好"便是最好的办法。

有人说，征服一个孩子比征服一个爱人要难上几百倍。也有人说，孩子的心智尚未完全成熟，只要找准他们的喜好，就能把他们

哄得服服帖帖。

真的是这样吗?

利利的父母离异了,爸爸给他找了个后妈。这个后妈不是别人,正是他们班的班主任陈老师。

陈老师很有自信,觉得自己一定可以跟利利合得来。但是理想很美好,现实往往很残酷。

"利利,吃饭了!看,陈老师今天给你做了什么,都是你爱吃的哦!"陈老师对利利非常好,下班回家水都顾不上喝一口,就赶紧给他做晚饭,生怕饿着他。

可是利利却不领她的情。

"我不喜欢吃你做的饭,我只喜欢吃我妈妈做的菜!"利利把那些菜推到了一边,只是大口地扒着白饭。

尽管利利一直都这样抗拒着陈老师,但她并没有因此而气馁,也没有因此对他有成见,反而更加关爱他。她告诉自己,绝对不能跟一个孩子较真。

有一次,利利爸爸不在家,陈老师给利利做了晚饭,又陪他写完作业,然后让他上床睡觉。利利不但不肯睡,还走到门口,指着大门对陈老师说:"这里是我跟爸爸的家,不是你的家,请你走!"

陈老师听了既生气又伤心,她觉得自己对利利是真心的,可他怎么就不接受自己呢?陈老师本来想教训他一顿,可转念一想,要是她对他发了脾气,他们的关系就会变得更不好了。

到底要怎样做才能让利利接受自己呢？陈老师想了好久，终于想到了一个好办法，那就是投其所好。

她通过观察，发现利利喜欢看动画片，尤其是《喜羊羊和灰太狼》。于是，她把利利的照片和喜羊羊的照片拼在一起，然后印在一件 T 恤上送给他。他高兴得欢呼了起来！

利利穿着这件 T 恤去上学时，同学们都问他是谁送的，他刚开始还有些抗拒，但是问多了，他便答是妈妈送的。

从那以后，陈老师就常常给利利送一些跟喜羊羊有关的礼物，还陪他一起看动画片，跟他聊他感兴趣的事。

后来，他不仅接受了陈老师这个新妈妈，还很愿意跟她分享自己的心事呢。

要想得到孩子的理解，务必要先征服孩子的内心。要征服孩子的内心，"投其所好"便是最好的办法。

每个人都有自己的性格与脾气，在人际交往中会体现出相应的表达方式。孩子也不例外。不管是孩子还是成年人，在跟人相处或是沟通时，都希望按照自己喜欢的模式去进行。

在得知孩子的兴趣所在后，用"投其所好"的方法跟他相处、沟通，往往会顺利很多。如果反其所好，只会使对方产生厌恶感。

征服孩子的内心，还有一个办法——具备共情能力。

共情能力指的是设身处地地站在对方的立场上理解孩子情感的能力。只有让孩子感觉到被对方接纳、认同、理解和尊重，孩子才

会有满足感和愉悦感。反之，家长给予孩子同样的接纳、认同、理解和尊重，孩子才会信任你、理解你。

　　每个孩子的心灵深处都有一根弦。家长只有具备了共情能力，才能慢慢走进孩子的世界，拨动他们的心弦，激活他们对爱的渴望和追求，释放他们最美好的情感。

第 八 章

正确引导：自由与限制需要一个平衡

　　自由和限制是同时存在的，两者是相辅相成的。每个人都希望获得自由，孩子也一样。但由于孩子的独立性和自主性尚未发展成熟，故需要父母从旁协助或管束。

　　但父母得切记，不可给予孩子无限制的自由，更不能把孩子限制得一点自由也没有，两者之间需要有一个平衡点。

1. 让孩子学玩，但不是任意玩

为了孩子的将来不至于吊死在成绩单上，家长可以慢慢放开对孩子的约束，给予孩子一定的时间让其回归到"玩乐"上。

虽说玩是孩子的天性，但我们又不得不承认，随着"不要输在起跑线上"思想的侵入，绝大部分家长会在孩子小时候就逼着他参加各种兴趣班，去发展各种所谓的特长，剥夺本属于孩子玩的时间。

正是因为家长不让孩子玩，故造成了很多孩子根本就不会玩。

想想看，童年正是孩子充分享受乐趣的时期，可是家长偏偏在那个时候以成人的标准要求他们——打着为他们好的幌子逼迫他们学这学那，给他们灌输"少壮不努力，老大徒伤悲"的思想，让他们为了将来能够"功成名就"而牺牲掉玩乐的时间去学习，这是一件多么悲催的事啊！

或许有的家长很想奉行"让孩子快乐成长"的原则，也真想让他们在玩的时期尽情地玩。可当家长看到其他孩子勤奋学习时，他们又开始担忧了：要是我们家的孩子跟其他孩子智力相当的话，人家学习的时间明显多过我家孩子，那我家孩子不是吃亏了吗？

在这种情况下，家长的最佳选择必然是给孩子报补习班、特长班！

当别人家的孩子在补课时，我们家的孩子也在补课，不吃亏；当别人家的孩子在上兴趣班时，我们家的孩子也在上兴趣班，不吃亏；当别人家的孩子在玩时，我们家的孩子在补课、上兴趣班，不吃亏！

每个家长都这么想，孩子的童年还会有什么乐趣可言？

然而，当一个个少年因"玩"而与某一体育竞技项目结缘，并玩出了花样，玩出了世界冠军的头衔的消息不胫而走时，"不会玩"这个"弊病"越来越引起家长的注意了。

李晓峰，中国著名电子竞技选手，在代表世界电子竞技最高水平的 WCG 上取得了令国人瞩目的辉煌成绩：2005 年第一次让五星红旗飘扬在全球电子竞技的最高峰；2006 年再次获得了 WCG 的世界冠军，成为卫冕 WCG 魔兽争霸项目的世界第一人，并且进入了 WCG 名人堂，与 BOXER 等电子竞技前辈享受同等荣誉。

李晓峰今天之所以取得如此辉煌的成就，就因为他爱玩一款名为《星际争霸》的游戏。他从小立下的心愿就是打一辈子的游戏，用游戏来实现自己的"大侠梦"。

在家长看来，他的这个梦想简直是虚度光阴——将大好的学习时光用在打游戏上，那不是"缺心眼"吗？

　　然而，他成功了！他蝉联两届《魔兽》比赛的世界冠军，在世界范围内没有第二个人能够做到。

　　为了能让孩子也像李晓峰这样功成名就，为了孩子的将来不至于吊死在成绩单上，家长可以慢慢放开对孩子的约束，给予孩子一定的时间让其回归到"玩乐"上。

　　当然，在应试教育这个大背景下，家长肯定不会让孩子仅仅是学会玩而已，更不可能会让孩子没有目的地玩、盲目地玩和任意地玩。

　　还是那句话：孩子的成长过程中少不了玩乐，但是玩乐的过程也是一个学习的过程。

　　不知大家有没有听说过这样一句话：童心与艺术、游戏与审美之间，有着一种不可分割的天然联系。也就是说，孩子可能会在玩中创作出别具一格的艺术品，可能会在游戏中获得不可低估的成就。

　　所以，家长要把"玩乐"还给孩子，要教会孩子玩，让孩子在玩乐中探寻到知识和技能的宝藏，为他们将来美好的人生路做铺垫。

2. 正确引导孩子 "喜欢" 或 "讨厌"

在儿童阶段，孩子会有理由、有选择地面对 "喜欢" 或 "讨厌" 的问题。有时候，可能因为一件小事，就会导致孩子对某个人或某件事产生负面情绪，这时就需要父母对其进行正确地引导。

姜曼参加完女儿可馨的家长会后苦恼极了，因为这是姜曼第一次被班主任单独请到办公室谈话。班主任严厉地指出了可馨的缺点——和同学打架。

一直以来，可馨在学校的表现都很好，尊师敬长、学习成绩优异，从来没出现过和同学争吵、闹矛盾的现象，这次怎么会和同学打架呢？

进到办公室后，班主任将可馨和同学甜甜闹矛盾的经过告诉了姜曼。原来，甜甜是班里新转来的学生，老师为了让她尽快融入到班集体，就让她担任副班长的职务，和身为班长的可馨一起协助老师管理班级。

由于甜甜刚来到这个 "大家庭"，对学习环境、同学都很陌生，

于是班主任就让甜甜负责收发作业本，以便能更快地记住同学们的名字。可班主任没想到的是，这件事却成为可馨和甜甜闹矛盾的导火索。

以前收发作业本都是班长负责的，可馨的责任感特别强，对老师交代的任务都能认真完成，所以当老师改让甜甜负责收发作业本后，可馨觉得自己的能力受到了质疑，从此，老是跟甜甜发生一些小摩擦。

比如，上课时老师提问甜甜，在她没有答对时，可馨就会高高举起手臂，大声喊着："我，老师我会！"然后得意扬扬地说出答案。

甜甜负责打扫的卫生区，如果打扫得不干净，可馨就会拿出班长的架子，对甜甜说："那块儿的卫生不干净，你怎么那么没有责任心？"

这不，昨天下午班里组织大扫除，甜甜负责扫地，可馨负责拖地。当可馨拖地的时候，她发现有的同学桌椅下还是有灰土，当即把甜甜叫过来，对她说："甜甜，你还是副班长呢，怎么对班级卫生那么不负责任？你不把地面扫干净，让后面拖地的同学怎么拖得干净？"

这段时间，甜甜也感觉到了可馨对自己的"敌意"，毫不示弱地反击说："那你有责任心吗？你身为班长，总是影响班级的团结，这就是你的责任心吗？"

接着，两个人你一言我一语地争吵起来，谁也不退让。吵得激烈时，可馨推了甜甜一把，甜甜一个趔趄撞到桌子上，膝盖都磕破了。

了解了事情的经过，姜曼很是愧疚，因为她没有发现女儿对"班长权力"的执着，更没想到女儿会因此而影响和同学之间的相处。

回到家后，姜曼决定和女儿好好谈一谈——要想解决矛盾，首先就要了解女儿的真实想法。

吃过晚饭后，可馨坐在沙发上看电视。姜曼故意漫不经心地问："可馨，听说你们班上来了一个新同学？"可馨听到这个话题，立刻警惕起来，急忙问："妈妈，你怎么知道的？"

姜曼见状，并没有说破可馨吵架的问题，笑着说："上午开家长会时，班主任表扬你了，说你很热心，经常帮新同学解答不会的问题。"

瞬间，可馨的小脸涨得通红，支支吾吾地说："嗯，嗯，也没有啦。"

"怎么了，你和新同学相处得不好吗？"姜曼向女儿抛出了关键问题。

可馨红着脸说："也没有，我就是不太喜欢新同学。"

姜曼问："为什么呀？"

可馨一脸不高兴地说："自从甜甜转到我们班以后，老师对我的关注就少了。以前老师都是第一个叫我回答问题，现在都叫她，

还让她当了副班长，什么任务都交给她负责，所以我不喜欢她。"

姜曼试图引导可馨对新同学的看法，于是对她说："可馨，如果你到了一个新班级，你最希望得到什么呢？"

"朋友呀！"可馨不假思索地说。

"甜甜刚转到你们班，她没有好朋友，老师为了让她能尽快交到朋友，就多给了她一些和同学接触的机会。如果你是转学生的话，到一个谁都不认识的班级，老师这么对待你，你是不是很感动呀？"姜曼循序渐进地问。

可馨点点头，说："是呀！"

"可如果不管你多么努力，都得不到同学的认可，还有同学讨厌你，你会不会很难过？"

可馨没回答，她想了一会儿说："要是我在一个新班级，大家都不和我做朋友，我一定会很难过的。"

"甜甜就是这样。她现在缺少朋友，对新的学习环境还不适应，你作为班长是不是应该多帮助新同学呀？"

可馨苦着脸说："应该。妈妈，可我犯错误了——昨天我不小心把甜甜推倒了，她今天也没和我说话，她肯定讨厌我了。"

姜曼看着女儿，认真地说："可馨，大家都喜欢知错改错的好孩子。明天上学的时候，你要向老师和甜甜道歉，你身为班长，不能辜负老师对你的信任，要对同学友善，这样大家才会原谅你，喜欢你。"

听了妈妈的话，可馨点点头，说："嗯，我明天就跟甜甜道歉。因为被人讨厌的滋味太难受了，以前我讨厌她的时候，她肯定也很难过。"

第二天，姜曼给班主任打电话，询问可馨和甜甜的情况。

班主任说，可馨很勇敢，敢于面对自己的错误，当着大家的面向甜甜道歉了，还和甜甜成了好朋友，现在两个人还手拉手在操场上做游戏呢。

随着孩子的成长，他们的情感也会出现变化，尤其是 6 岁～13 岁的孩子，他们的情感更加敏感、脆弱。在儿童阶段，孩子会有理由、有选择地面对"喜欢"或"讨厌"的问题。有时候，可能因为一件小事，就会导致孩子对某个人或某件事产生负面情绪，这时就需要父母对其进行正确地引导。

比如可馨的问题，如果姜曼回到家后马上斥责可馨推倒甜甜，或是斥责她有过激的"掌权欲望"，很可能会打击她的自尊心，甚至会让她产生逆反情绪，造成适得其反的局面。

所以，当孩子面对"喜欢"或"讨厌"的问题时，父母要帮助孩子分析原因，并让孩子认识到自己的问题所在，从而做出正确的选择。

3. 懒惰是一种习惯

懒惰的蔓延性和穿透力是很强的！一旦孩子有了一次懒惰行为，并且尝到了懒惰给他带来的"好处"，必然会一发不可收拾。

心理上的厌倦情绪，我们称之为"懒惰"。懒惰会使人无法按照自己的意愿进行一定的活动，它的表现形式多种多样，包括极端的懒散状态和轻微的犹豫状态。

很多家长都有这样一个错误的想法：偶尔懒惰一下是可以原谅的。就是在这种错误想法的引导下，家长才放任自己孩子的懒惰行为，任其懒惰的心态慢慢地发展下去，使其变成了孩子的一种"习惯"。

懒惰的蔓延性和穿透力是很强的！

一旦孩子有了一次懒惰行为，并且尝到了懒惰给他带来的"好处"，必然会一发不可收拾。当懒惰成为孩子的一种习惯，那么，孩子离成功就越来越远了。

究竟是什么原因使孩子产生懒惰的心理呢？

依赖性是使孩子产生懒惰心理的首要原因之一。

爱子心切让父母对孩子照顾有加，恨不得什么事都帮孩子做完，使孩子从小养成"衣来伸手、饭来张口"的坏习惯，使孩子变得没有主见、独立性差，什么事都不想自己做，都想靠父母。久而久之，就会养成懒惰的习惯。

上进心是人不断前进的动力。

缺乏上进心的孩子没有责任心，对自己的要求不高，有着"得过且过"的思想，故而他们做事不认真，不求质量，不求速度，总是抱着"应付"的心态以期蒙混过关。这必然会使其滋生懒惰的心理。

最重要的一点，也是最关键的一点：家长自己存在着某些懒惰的行为习惯，这是造成孩子懒惰的直接因素。一些家长本身就不勤劳刻苦，具有拖沓、懒惰的习惯，所谓"身教重于言教"，这样的家长必然会影响孩子，让他们难以养成勤劳的好习惯。

"书山有路勤为径，学海无涯苦作舟。"要想攀登上知识的万丈高峰，必须有"勤奋"作为基础。要帮助孩子摒弃懒惰的坏习惯，就要先给孩子灌输"天道酬勤"的意念，多让孩子听听有关勤奋好学而功成名就的事例。

被人们誉为"数学王子"的德国科学家高斯，家境非常贫寒，连买盏灯的钱都没有。他并没有因此浪费夜晚的时光，于是就想方设法做了一盏"灯"——他将一只萝卜挖空，往里面倒了一点煤油，然后放一根灯芯进去便做成了"萝卜灯"。

他就是在这盏萝卜灯下读书学习到深夜，以至于 18 岁时便发明了用圆规和直尺作正十七边形的方法，解决了 2000 年来悬而未解的世纪难题。

牛顿的家庭虽然没高斯那么贫困，但他也是靠勤奋刻苦才取得辉煌成就的。

牛顿出生前 3 个月父亲就去世了，妈妈也改嫁了，他从小就被寄养在外婆家。他没有什么特别的爱好，就是喜欢买些锯子、钉子回家敲敲打打做些小工艺品，且一做起来常常会忘了吃饭。

有一天，他专心研究着什么，完全忘记了吃饭睡觉。当他肚子饿得实在受不了时，便走出书房找东西吃。可是，还没走到厨房，他突然有了思路，又折回书房继续他的研究。

孩子只有克服艰苦的条件或天道酬勤，才有可能获得成功。懒惰的孩子会将自己的大好学习时光浪费掉，会延误自己的人生——一味地等、靠和要，只会让自己失去更多。

皓皓的成绩一落千丈，他妈妈被老师叫到了学校。

老师跟皓皓妈妈说，皓皓前两个月每天都迟交作业，已经批评过他好几次，可他非但没有改正还越来越迟交，直到最近，连续好几天都没交作业了。这次测验考，几乎都是平时作业留的题目，皓皓因为不做作业，在答题的时候根本就找不着北，所以才会考得那么差。

回到家，妈妈问皓皓为什么不做作业，皓皓说道："那些题目看都看会了，所以就懒得动手写了。"

妈妈又问他："既然你觉得自己都会做了，为什么考试的时候又不会答了呢？"

皓皓说："一时想不起来呗。"

妈妈综合近一段时间对皓皓的观察，发现他不仅不爱做作业，还不爱看书，放学回到家放下书包就直奔沙发打开电视看动画片，一直看到妈妈三催四催地让他去洗澡睡觉为止。

妈妈由此分析，皓皓沾染了很严重的懒惰恶习。

为了系统地帮助皓皓矫正"懒惰"这个坏习惯，妈妈给他制订了一系列条款，来约束他的日常生活和学习：

1. 每天按时睡觉按时起床，起床到洗漱完毕不超过 15 分钟。

2. 制订学习计划。各学科的作业，务必按照老师规定的时间保质保量地完成。每天放学回家第一件事就是写作业，写完作业才能看半个小时电视。

3. 请人写了"劳动最光荣"几个大字挂在客厅最显眼的地方，并督促皓皓帮助爸爸妈妈干些力所能及的家务。

4. 树立"榜样的力量"。将华罗庚、牛顿等中外名人的勤奋故事抄下来贴在书桌上，让他每天看几眼以示激励。

5. 设立奖罚机制。一天不懒惰奖励一面小红旗，一周不懒惰奖十面小红旗，一个月不懒惰奖励五十面小红旗，集齐一百面小红旗奖励一个皓皓喜欢的玩具或者其他想要的东西。

除此之外，爸爸妈妈还以身作则，当着皓皓的面改正自己身上

存在的懒惰行为，并以此来教育皓皓，要他务必跟着爸爸妈妈一起改正陋习。

懒惰是成功的绊脚石，只有勤奋、刻苦、好学、上进的孩子，才能一步步向自己的目标靠近，最终拥抱成功。

家长一定要让孩子时刻谨记这句话，并以此来督促自己不要养成懒惰的坏习惯。

4. "放养"与"圈养"缺一不可

家长要因势利导，将"圈"和"放"有机结合起来，既不放任自流，疏于管教，也不严加管教，逼其"造反"。

所谓"圈养"，指的是将孩子局限在一定的范围内进行养育，这个范围主要是指家庭。而"放养"指的是让孩子离开父母的掌握，脱离家庭范围内的养护，回归到大自然中，深入到社会当中，让孩子具有更本质的生存状态。

"圈养"累的是父母，什么事都要替孩子想好、帮孩子做好，孩子只要按照父母计划好的做就行了，完全不用费心思去筹谋。

而"放养"累的是孩子自己，他要经受各种艰难考验，要为自己的生存状态负责。这就增加了孩子的压力，前面的路让他自己去开辟，没有人会帮他披荆斩棘，一切得靠自己。

这两种教养方式在孩子的成长过程中缺一不可，且要有的放矢，互相融合。

"圈养"适合学龄前的孩子。

学龄前的孩子辨别是非的能力较弱，自控能力也比较差，注意力不够集中，这就需要家长帮助他做好学习和生活规划，让他在父母精心规划的生存模式中进行养育，让他逐渐养成良好的生活习惯和学习能力。

然而，当孩子到了一定的年龄，已然具备辨别是非的能力，自控能力也就有了很大提高，对自己的未来也有了一定的认知和规划。这个时候，要是对孩子还是采取"圈养"的方式，必然会扼杀他的积极性，违背他的成长规律。

故此，要对孩子采取"放养"的方式，让他自由发挥，自由选择，不能再一味地按照家长的意愿为他制定人生目标，要让他对自己的人生负责，自己对未来进行规划，按照自己的想法去实现理想。

我有位熟识的编辑朋友，他的孩子13岁就发表了过百篇优秀作文，这不知让多少家长羡慕着。

大家问这位编辑朋友怎么把孩子教育成一个小作家的，朋友答："放养呗！"

朋友说，可能是职业使然吧，每次孩子的语文试卷发下来，他都会格外关注孩子的作文成绩。他看过儿子写的作文，觉得内容写得不错，只是深度和广度不够。于是他通过分析得出，孩子的作文水平不算太高是因为孩子的阅读量有限，视野不够宽。

为此，他买了很多书放到书架上，吃饭的时候经常跟爱人聊新书的内容，有时为了某一个论点，两人争得唾沫横飞的，以此引起孩子的兴趣。孩子不知是"计"，见爸爸妈妈说某本书怎么怎么好看，自然就对这本书感兴趣了。

朋友就是在用这种方法不断"激励"孩子读更多的书。

当孩子真正爱上阅读时，也就不再局限于看爸爸买回来的书了，要求自己去书店选书。刚开始的时候，朋友会带儿子去，不过去了几次之后，他就每个月给儿子100元的"图书资金"，让孩子自己去买想看的书。

"你不怕孩子乱花钱吗？如果他不是去买书，而是买其他东西呢？"

"这就是放养的精髓所在了。要是怕就干脆圈养算了。孩子大了，总跟在自己屁股后面去买东西，你愿意，孩子也不愿意啊！"

"你的孩子应该是自控力比较强吧？"

"其实，刚给他零用钱时，我还真有点担心他会乱花钱。记得有个周末，他说去书店买书，我悄悄地跟了去，发现他真的是去书店呢，而且还约了几个同学一起去，他们一路走还一路讨论书的内容呢。从那以后，我就真的放心了。"

"那你都关注孩子看些什么书吗？"

"他什么书都看。推理小说会看，辅导书也看，励志书也看，名家的、非名家的都看。我偶尔会瞄瞄他书架上都放了些什么新书，不会直接去问他买了什么书，看了什么书。"

书读得多了，见识广博了，文章自然也就越写越好了，好的作品自然就会被印成铅字了。

虽然朋友口口声声说自己对儿子采取的是"放养"方式，但其实他是将"圈养"和"放养"融合在了一起，是在"圈养"的平台上，让"放养"得以有效地延伸。

朋友和爱人故意在饭桌上聊新书多么多么有意思，就是用"圈养"的方式来引导孩子往某个方向发展。当然，这个方向必然是孩子喜欢的、感兴趣的。

至于"放养"，朋友在对孩子写作兴趣的培养上，从始至终没有正面提出过任何建议，完全任由孩子自己支配积攒的零用钱。

朋友的做法，可谓是用心良苦啊！

单纯的"圈养"方式或是"放养"方式，已经不再适应当今社会的人才培养了。家庭教育是学校教育的一个补充，贯穿着孩子成长的每一个过程。

对于孩子成长的不同时期，要调整教养的方式——如果婴幼儿时期"放养"的话，只会让孩子变得没规矩，但是孩子长大了还要"圈养"的话，只会让孩子产生强烈的逆反心理。

187

所以，家长要因势利导，将"圈"和"放"有机结合起来，既不放任自流，疏于管教，也不严加管教，逼其"造反"。

5. 给孩子选择的权利，不要总做主

给孩子一些机会，让他自己去体验；给孩子一点困难，让他自己去解决；给孩子一些问题，让他自己去找答案。

给孩子一些机会，让他自己去体验；给孩子一点困难，让他自己去解决；给孩子一些问题，让他自己去找答案；给孩子一些条件，让他自己去锻炼；给孩子一些空间，让他自己去寻方向；给孩子一些权利，让他自己去选择。

在孩子嗷嗷待哺的时候，家长可以帮助孩子做决定。但是当孩子有了一定的行为能力、独立思想和兴趣喜好后，家长还在帮他们做主，替他们做出选择的话——别以为这么做是对孩子好，殊不知，这有可能会把孩子逼上"绝路"。

在成都某医院提供的一份青少年自杀名单中，有一名自杀者是个 10 岁的男孩。这个男孩用美工刀割腕自杀，以示对父母什么都

帮他做决定的反抗。

据了解，这位男孩的家长对他的期望是大之又大，每次考试都要求他至少考 90 分。周末安排他去上各种培训班，学习各种知识和技能。有些培训课程他完全没有兴趣，上起来很吃力，但父母却口口声声说"为他好"，一直逼着他去。

结果就逼得他用"自杀"来做出了反抗。幸好，家长及时发现将其送往医院，经抢救并无大碍。

能及时发现并阻止男孩自杀已经是万幸了，刚参加完高考的小胡同学就没那么幸运了——他从自家的阳台跳下，结束了自己年轻的生命。

为什么小胡会选择走上轻生这条路呢？

小胡的学习成绩还不错，高考后估算的分数不算差，应该可以上所一本学校。所以在填志愿时，爸爸妈妈帮他填报了省内一所一本院校，并选择了汉语言文学专业。

小胡对此很不满，跟爸爸妈妈说自己想去读音乐院校。

小胡从小就很喜欢音乐，爸爸妈妈也曾让他跟专业老师学习过音乐。但后来爸爸妈妈觉得，音乐之路实在是太难行了，不如让孩子去学中文，将来毕业后去考公务员或者事业单位，当个老师也是不错的选择。

可小胡心里一直怀揣着音乐梦，他想上音乐院校，想自己做一回主。可爸爸妈妈根本不在乎儿子的想法，执意替他填报了志愿，

終将小胡逼进了"死胡同"。

别以为只有青少年才会对父母提出抗议，其实连刚上幼儿园的小朋友也会反抗。

珊珊快 3 岁了，妈妈就把她送去幼儿园。

第一天去幼儿园的时候，珊珊还是很开心的，因为可以跟很多小朋友一起玩。可是第二天再送她去，她就哭得天昏地暗了。妈妈不为所动，硬是狠下心送她去了。

中午，老师给珊珊妈妈打电话，说珊珊哭了一个多小时后不哭了，本以为她想通了，可谁知到了午饭时间，她不肯吃饭。妈妈跟老师说，她不吃就由她饿着，得让她慢慢适应幼儿园的生活。

傍晚妈妈去接珊珊，她没有哭闹，只是闷声不响地牵着妈妈的手往家走。回到家后，珊珊还是一言不发，谁跟她说话她都不搭理，晚饭也不肯吃。妈妈觉得，饿一天、半天没事的，就任由她不吃。

第二天一早，妈妈又把姗姗送到了幼儿园，她没有哭闹，只是板着个脸。中午的时候，老师又来电话说珊珊还是不肯吃饭。妈妈这回有些着急了，急忙到幼儿园问珊珊，到底想怎么样，为什么总是不肯吃饭。

姗姗说："我不想来幼儿园。"

妈妈问她："为什么不想来幼儿园？你第一天来的时候不是很高兴吗？"

珊珊指着在一块儿玩的小朋友说："我不愿跟他们玩。"

妈妈又问她："为什么不跟那些小朋友玩？"

珊珊摇摇头，不肯回答了。

老师说，因为珊珊才3岁，其他小朋友都4岁半了，动手能力、体能比珊珊要强，所以在做游戏的时候她总是被落得远远的，小朋友也不愿意跟她一起玩。所以，她才会对幼儿园有所抗拒，并以"绝食"来反抗。

妈妈让珊珊早一点上幼儿园，无非是想让她早一点接触小朋友，早一点跟老师系统地学习一些知识。其初衷是为了珊珊好，却不知自己太急进了，没有考虑孩子的感受和承受能力。

在孩子的成长过程中，家长切不可将自己的意愿强加到孩子身上，只有充分尊重孩子的个性发展、兴趣爱好和自我意愿，才有利于孩子的健康成长。

在日常生活和学习中，可以多给孩子一些选择的机会，给孩子一个足够大的空间，让孩子自由成长。如果担心孩子的选择会不利于他们的成长，可从旁进行指导。

当孩子的意愿跟自己的意愿相背离时，切不可用"行政手段"强行让孩子按照自己的意愿做，而要好言相劝、耐心教导，尽量说服孩子接受自己的意见。

第 九 章

识破谎言：爱撒谎的孩子，爱说谎的父母

在我们的日常生活当中，每一个人都免不了受到"谎言"的诱惑。虽然谎言有善意和恶意之分，有些时候，我们也真的是不得已才为之的。

但不管怎样，说谎都不是一件值得推崇的事，我们应该从自身做起，拒绝谎言，给孩子树立一个诚实的榜样。

1. 说谎父母，是说谎孩子的榜样

有人说谎是为了陷害他人；有人说谎是为了隐瞒事实真相，掩饰自己的过错，以此躲避惩罚；也有人说谎是出于善意。不管出于何种原因撒谎，都是一种不诚信的表现，不值得提倡。

在某网站看到这样一个故事：

妈妈为了让儿子早点适应集体生活，在他不到 3 岁的时候，即秋季学期开学时，把他送到了一所私立幼儿园。儿子很快适应了幼儿园的生活。

随后，妈妈想到了春季学期要把儿子送到公立幼儿园，于是，早早帮他报好了名，就等着入园了。谁知，春季开学的前三天，妈妈带儿子去公立幼儿园报到时，老师却说儿子还不够入园年龄，不予接收。

无奈之下，妈妈又把儿子送到了原先所在的私立幼儿园。

因为事先没有报名交钱，不知道私立幼儿园园长会不会再接收。如果接收的话，问为什么不及时来报名交学费，该怎么回答呢？妈妈边走边想，最后想出了一个理由，说省外的外婆家有事，

爸爸妈妈和儿子这段时间一直都在外婆家。

为了圆这个谎，妈妈握住儿子的手对他说："儿子，要是园长一会儿问你为什么报名迟到了，你就说这段时间一直跟爸爸妈妈在外婆家。知道不？"

儿子望了望妈妈，不解地说："我们这几天不是都在家吗？刚才那个幼儿园的老师说我太小，才不让我去他们幼儿园的。"

"儿子，可不能这么说，一定要按照妈妈刚才教的说，知道吗？"妈妈再一次提醒儿子。

儿子仰着头好奇地望着妈妈。

"记住啊，一会儿一定要听妈妈的话，照着妈妈刚才教的说。表现好的话，妈妈晚上给你买一个玩具。"妈妈怕儿子不同意，居然用上了"奖励玩具"这一招。

可谁知，当私立幼儿园的园长问他们这几天怎么没来报名时，妈妈刚把自己组织好的谎言说完，儿子就说了句："我们没有去外婆家啦，妈妈只是想让我去公立幼儿园，但是那里的老师说我年纪小不收，妈妈就又把我带到这儿来了。"

妈妈当时真的很尴尬，很想给儿子一巴掌，他怎么能揭穿妈妈的谎言呢？

还好，这个幼儿园的园长只是笑了笑，没对此事做任何评价，只是摸摸这个说实话的小朋友的头，赞美他说："不说谎的孩子是个好孩子！"

园长迅速给他办理了入学登记，让他尽快回归班级。

看完这个故事，我们不禁掩卷深思：每当孩子撒谎时，家长恨不得给他几巴掌，让他记住这种被打的痛而不敢再撒谎。可是，到底是谁教会了孩子撒谎？难道孩子天生就会撒谎吗？

答案当然是否定的了。

没有谁天生就会说谎，教会孩子说谎的不是别人，正是孩子的第一任老师，也是孩子最信任的老师——父母！

有人说谎是为了陷害他人；有人说谎是为了隐瞒事实真相，掩饰自己的过错，以此躲避惩罚；也有人说谎是出于善意。不管出于何种原因撒谎，都是一种不诚信的表现，不值得提倡。

铭铭期中测验只考了9分。他害怕回家被爸爸妈妈骂，就用红笔在老师打的"9"分前面加了"8"这个数字，然后把试卷里不会写的、空着的全部写上正确答案，又用红笔给自己打上对钩，然后拿回家给爸爸妈妈看。

爸爸妈妈知道铭铭成绩一直都不太好，不及格是常有的事，有时还会考个十来分。这次铭铭居然考了"89"分，爸爸妈妈简直不敢相信自己的眼睛，以为铭铭终于好好学习了，故对他好好夸奖了一番，还给他买了一辆进口自行车。

铭铭骑着这辆自行车到学校炫耀时，被同班的小胖揭穿了——铭铭之所以获得这辆自行车，是因为篡改了试卷的分数！

小胖妈妈跟铭铭妈妈在一个单位上班，两人孩子的学习成绩都很差，故有种惺惺相惜的感觉。可是最近一次聊天时，无意中聊

起考试成绩，铭铭妈妈得意地说："我们家铭铭再也不是倒数几名了，成绩有了很大的进步呢！"

小胖妈妈气呼呼地回家教训小胖，让他跟铭铭一样好好学习，赶快把成绩提上来。小胖赶紧把铭铭撒谎骗了他爸爸妈妈的事说出来。

谎言总有一天会被揭穿的。

没过两天，爸爸妈妈就知道了铭铭考试成绩的真相，对他进行了严肃的批评教育。同学们也知道了铭铭欺骗父母的事，大家都对他的这种行为嗤之以鼻，叫他"大话精"。

古人云："诚信为本。"经常撒谎的人，一旦被人揭穿了，便会失去诚信，人们以后会很难再相信他了。

西方有位哲人说过："这个世界上只有两样东西能引起人内心深深的震动：一个是我们头顶上灿烂的星空，一个就是我们心中崇高的道德准则——诚信。"

专家研究表明："经常说谎的人，心理上会产生一定的障碍，会造成其难以与人沟通。经常说谎的人，易得心脏病，或是焦虑症和疑心病，严重者还会得自闭症，会逐渐脱离家庭和脱离社会。胆小者可能会产生自杀心理甚至自杀行为，胆大者可能会危害社会。"

如果孩子经常说谎的话，不仅会影响孩子身心健康的发展，还不利于孩子跟他人交往，使孩子失去了做人最基本的诚信礼仪。长此以往，必将会泥足深陷，走上犯罪的道路。

　　家长一定要以身作则，绝不能对孩子说谎，更不能教孩子说谎。一旦发现孩子说谎，要严肃对待——充分了解孩子说谎的原因，根据其说谎的动机给予耐心的引导并及时纠正。

2. 别总拿"都是为你好"来哄骗孩子

　　为人父母者，一定要时刻检点自己的言行，不能犯了错就以"为了孩子好"为借口来哄骗孩子，也不能以此为借口哄骗孩子去做一些他们不愿意做的事。

　　孩子最信任的人是谁？最信赖的老师是谁？最知心的朋友是谁？当然是父母了。

　　在孩子眼里，父母是那么具有权威性，那么值得信赖。可是，要是父母以"爸爸妈妈这么做，都是为了你好"来哄骗孩子，以达到某些目的，那不是辜负了孩子对你们的信任了吗？这会对孩子的心灵造成怎样的伤害啊！

　　教育家马卡连柯说："父母对自己的要求，父母对自己家庭的尊敬，父母自己一言一行的检点——这是首要的和最基本的教育方法。"

不要以为孩子是自己生的，就可以凌驾于孩子之上，哄骗孩子，做一些你认为会对孩子好，但是在孩子看来却很痛苦的事。若是哪一天"东窗事发"，孩子知道父母欺骗了自己，会有怎样的反应呢？

胡欢即将面临"小升初"的考试，爸爸妈妈为了让她顺利考上重点中学，决定隐瞒即将离婚的事情，打算等她大一点再告诉她真相。

可是，最近爸爸妈妈的态度让胡欢心生疑虑，他们经常在半夜吵架，爸爸睡在书房已经很久了，有时甚至一连几天都见不着爸爸。

胡欢每次问妈妈和爸爸怎么了，妈妈都安慰她说没事，让她好好复习。直到这天晚上，胡欢起夜上厕所时又听到爸爸妈妈在书房吵架，她蹑手蹑脚地来到书房门前，偷听他们的谈话内容。

这时胡欢才知道，爸爸爱上了别的女人，并打算和妈妈离婚。听到这里，胡欢用力地打开房门，用愤怒的眼神看着爸爸，质问他："为什么要那么做？为什么要欺骗我和妈妈？为什么要背叛我们的家？"

爸爸妈妈见东窗事发，先安抚住胡欢的情绪，爸爸又向胡欢保证，自己不会跟妈妈离婚的，他已经知道错了，并发誓以后不会再跟妈妈吵架。妈妈也在一旁帮腔，说事情没有胡欢想的那么严重，她跟爸爸不会离婚的。

接下来的两个月里，爸爸妈妈一直相敬如宾，家庭气氛和睦多了。胡欢也安下心来复习功课。

可就在胡欢收到第一中学录取通知书的第二天，她无意在抽屉里发现了爸爸妈妈的离婚证。这对胡欢来说犹如晴天霹雳。

等到妈妈下班时，胡欢哭着问妈妈为什么骗她。妈妈却说，爸爸妈妈隐瞒离婚的事实是为了她好，不希望影响她考试。

胡欢最难过的不是爸爸和妈妈离婚，而是爸爸妈妈都欺骗了她。从那以后，胡欢再也没信任过爸爸妈妈的承诺，她最大的心愿就是快快长大，尽快脱离父母。

父母的一言一行，孩子看在眼里、记在心上，连哄带骗会使孩子丧失对父母的信任，给孩子的心灵带来深重的伤害。

所以，为人父母者，一定要时刻检点自己的言行，不能犯了错就以"为了孩子好"为借口来哄骗孩子，也不能以此为借口哄骗孩子去做一些他们不愿意做的事。

3. 要找到孩子说谎的原因

家长一定要以身作则，不能给孩子制造撒谎的条件，更不能鼓励或引导孩子撒谎。

孩子说谎分为两种情况：一种是有意识的说谎；一种是无意识的说谎。谎话有积极的，也有消极的。

有些时候孩子说谎，并不是其自身的问题，而是家长不让他们说真话。如王胜爸爸明明在家，但是隔壁家的叔叔来找爸爸时，爸爸因为不想见，就让王胜骗叔叔说："爸爸不在家。"

家长的这种行为，在孩子的心中扎根之后，就形成了说谎的心理动机。为了给孩子树立诚信的榜样，家长务必要在日常生活中注意自己的言行举止，一定不要在孩子面前说谎。

有些时候，孩子说谎完全是迫于无奈，若是说真话的话，就会被打得皮开肉绽。

阮小天把爸爸最珍爱的花瓶给打碎了，他以为第一时间向爸爸坦白，会得到从宽处理。谁知，爸爸得知此事后勃然大怒，用皮带狠狠地打了他一顿，他以后哪里还敢说真话。

张星艺也是。他的数学成绩一直很差，每次考试不及格，回到家必然会被爸爸一阵毒打。

为了避免再受皮肉之苦，张星艺学"聪明"了，平时的小考，如单元测验、期中测试都不告诉爸爸妈妈，要是老师让家长阅卷后签字，他就拿着爸爸曾签过的试卷自己模仿着签。

几次下来，都顺利过关，爸爸妈妈没半点疑心，这助长了张星艺"撒谎"的歪风。到了期末考的时候，他居然想到要改学生手册上的分数，以欺骗父母来保护自己免受鞭打的折磨。

在得知孩子犯错误或者考试没考好后，就以打骂的形式来教育孩子，孩子自然就会养成以说谎来逃避惩罚、保护自己的坏习惯。

有些时候，孩子其实并不太想说谎的，但是在家长的引导下或为了达到某种目的，只好说谎。

妈妈把唐函送到幼儿园时迟到了，老师问他为什么迟到，妈妈抢先提示唐函道："今早起来是不是肚子痛啊？"

唐函望了望妈妈，又望了望老师，点点头。

老师再问："那现在肚子还痛吗？吃药了吗？"

唐函妈妈再次提示他说："妈妈今早给你吃了药，现在是不是不痛了？"

唐函再次点点头，小声地说："嗯。现在不痛了。"

家长因过分溺爱孩子，过分保护孩子，不想孩子因为"犯错"

或不守规则而受到老师的处罚，故而用提示性的语言引导孩子说谎。之后，孩子势必会"依葫芦画瓢"，说起谎来眼睛都不眨一下。

还有些时候，孩子之所以要说谎，是因为对人、对事判断不准。他们心直口快地说出内心的想法，但他们的想法与现实情境不符，比如"我看见一条大蟒蛇在天上飞""我看到一只大老虎从门前走过"等。

听到这样的话，家长要是不去深究孩子到底看到了什么，而是责备孩子说谎的话，不仅会扼杀了孩子的想象力，还会让孩子觉得说真话没人会信，会被骂，以后都不敢说真话了。

为了获取大人的夸奖，孩子偶尔也会说谎。比如大人的东西被弄坏了，问孩子是不是他弄的，他一开始说不是自己弄的。但是只要大人说，乖乖地承认错误，不但不会受到处罚，还会得到表扬，那么孩子必然会改口道："是的，是我弄坏的。"

孩子之间互相攀比或竞争是常有的事。有的孩子为了在伙伴面前威风一下，会吹嘘自己的玩具比大家的都多，爸爸妈妈又给自己买了名牌衣服或玩具，有时还会夸口说自己的爸爸妈妈多么能干之类的。

这种情况下，孩子说谎完全是虚荣心所致。

也有些时候，孩子很想要一样东西，如果直接让爸爸妈妈帮买，一定会被爸爸妈妈骂，那么"聪明"的孩子就会绕一个弯，故意骗爸爸妈妈说是学校老师让买的，或者说是某堂课上要用的。

当然，也有些时候是因为孩子年龄小，记忆不太清晰，时间概念有些模糊而说谎。比如，一两个月前奶奶给玲玲买了个布娃娃，隔壁阿姨看到问她谁给她买的，什么时候买的，她会骄傲地说："妈妈昨天给我买的。"

不管孩子说谎的原因是什么，也不管其是有意说谎还是无意说谎，其说谎的时候是持消极态度还是积极态度，家长可以理解，但却不能支持，要给予孩子正确地引导，切不可让"说谎"成为孩子的一种习惯，让孩子永远都活在自己制造的谎言中。

家长一定要以身作则，不能给孩子制造撒谎的条件，更不能鼓励或引导孩子撒谎。一旦发现孩子用说谎来达到某种不能给予支持的目的时，务必要对其进行严厉地批评和教育，及时帮助他纠正错误。

但如果孩子"说谎"是因为对人、对事判断不准或记忆不清晰、时间概念模糊等造成的，在弄清楚事情的真相后要加以正确地引导，在不扼杀孩子想象力的前提下，让孩子自己找到正确答案。

4. 读心术，识破孩子的小谎言

亲子关系也是人际关系中的一种，亲子间的沟通与交流也需要用到"读心术"。要读懂孩子的内心，必须先了解孩子的性格。

古语有云："听其言、观其行、察其心。"其实，可以用一个词来概括这句话，那就是"读心术"。

"知己知彼，百战不殆"，这其实也算是"读心术"的学问，只有读懂了别人，才能获得成功。

读心术不是什么玄学，它只不过是人们日常生活中、人际交往中一种察言观色的技巧而已，是心理学的一种门类，属于最原始的心理学——主观心理学。

读心术是一门最具实用价值的学问，它关系到每个人的前途、命运以及生活各方面的人际关系问题。

亲子关系也是人际关系中的一种，亲子间的沟通与交流也需要用到"读心术"。要读懂孩子的内心，必须先了解孩子的性格。

李昊是个品学兼优的好学生，连续两年获得了全国奥数赛的一等奖。这天，从奥数赛的考场出来，李昊的脸色有点暗沉。妈妈远远地看到了李昊的表情，心想：昊昊这次参加竞赛的结果应该不太理想。

果然如妈妈所料。在李昊快要走到妈妈身旁时，同班一起去参加比赛的冯茗跑到李昊跟前，向李昊询问刚才比赛中一道题的解题方法。

李昊皱起了眉头，仔细想了一下，跟冯茗大概地讲了一下自己是用什么方法解答那道题的。冯茗听后疑惑地问："真的是这样计算的吗？我用的不是这种方法。"

"方法可能不止一种吧。"李昊耸动了一下肩膀说。

妈妈从李昊说话时单肩耸动的动作中看出，他在说这些话时根本就不自信，应该是在说谎。等冯茗走了之后，妈妈问李昊："刚才你同学问的那道题，你没做好，是吧？"

李昊吃惊地看着妈妈："你怎么知道的？"

"你别管妈妈怎么知道的，你只要告诉妈妈，这次考试是不是没有预期的那么理想？"

"刚才冯茗问我的那道题，我根本来不及做时间就到了，交卷之后我才想起怎样去解答。"李昊见瞒不过妈妈，只好和盘托出，"之前审题的时候没想到怎么做，等把后面的题做完了再想去解这道题时已经没时间了。"

"没关系，你没做完说不定别人也没做完呢，成绩一天没出来，就还有希望。"妈妈安慰李昊道。

　　李昊平时非常有自信，他在跟同学讨论解答方法时居然会单肩耸动，那表示他对自己所说的话并无自信——身体和语言明显不一致，这就是说谎的一个显著表现。

　　妈妈就是用这个"读心术"解读了李昊的内心。

　　家长在用读心术解读孩子的谎言后，该怎么做呢？是直接指责，还是根据说谎的动机加以分析，然后再决定是责骂、安慰或其他呢？

　　妈妈在揭穿李昊对同学撒谎的真相后，一开始并没有责怪李昊，而是先安慰他的情绪——考得不好，他心里已经不舒服了，要是家长再指责的话，只会让他觉得难受、没面子、羞愧。

　　等李昊回到家，情绪稍微好转了一些后，妈妈再跟他分析：一道题不会做或是没时间做，坦白跟同学讲，同学不但不会笑话你，反而会觉得你很真诚。再优秀的人也不可能什么题都会做，这是很正常的事，没必要因此而觉得没面子。

　　一般来说，人在说谎时会比较注意自己的面部表情——会不太敢看对方的眼睛，怕被对方看穿自己是在编造谎言。因为他们知道，人与人在交谈的时候，可以从对方的眼睛中读出真诚与否。

　　但是，谎言顶多念个三五遍就会记熟了，所以，面部表情的控制又是最难的。因此，要想通过面部表情隐瞒真相，那可不是件容易的事！

　　周末，魏宏宇早上跟妈妈说要去同学家一起做作业。他说这话的时候，不但不看妈妈的眼睛，而且还有些迟疑，然后又复述了两遍，生怕妈妈没听到似的。

妈妈觉得魏宏宇对她有所隐瞒，故悄悄地跟在他身后，看看他到底去哪里，做什么。

原来，魏宏宇约了几个同学一起去森林公园郊游。这些同学中有几个学习成绩是中等偏下的，他怕妈妈不让他跟这些同学来往，所以不敢跟妈妈说真话。

晚上回到家，妈妈假装什么都不知道，问他："今天过得开不开心啊？"

魏宏宇摸了摸鼻子，按照事先编造好的谎言答道："很开心啊！写完作业，同学他爸爸给他买了台新的游戏机，我们打了一下午的游戏呢。"

"是吗？"妈妈笑了笑，指了指魏宏宇沾满泥土的鞋子问，"你同学叫什么名字？他的家不在市区吗？不然你的鞋子也不会沾了那么多泥。"

在"证据"面前，魏宏宇不得不老实向妈妈交代自己的去向。

"其实，你要跟那些同学去郊游，妈妈是不会反对的，不过你耍小聪明欺瞒妈妈，这让妈妈对你失去了信任，说不定以后真的会限制你跟谁去哪里玩了。"

"对不起，妈妈！"魏宏宇以为妈妈只是看到了那双沾满泥土的鞋子发现他说谎，他哪里知道，妈妈对读心术略懂一二呢。

魏宏宇原本以为自己事先编好的一套谎言可以骗倒妈妈，殊不

知，他说话迟疑、无端重复、摸鼻子这些行为已经把他出卖了。即使他在回家之前把鞋子擦干净了，也还是会被妈妈揭穿的。

孩子在撒谎的时候，体内会有一种名为儿茶酚胺的化学物质释放出来，引起鼻腔内部的细胞肿胀，导致他们会无意识地摸摸自己的鼻子。

当然，摸鼻子也可能是一个习惯性的小动作，未必真的是说谎前的必备动作。鉴定孩子摸鼻子之后说的话是否是谎言，还得根据孩子的其他行为、动作以及对话内容、频率和节奏来判定。

家长在用读心术揭穿孩子的一些小谎言时，在没有触犯什么大原则的情况下，处理时不要大动干戈，心平气和地加以指正和引导就好。

如果孩子的谎言太离谱，有原则性的错误，那家长就要严厉批评、严格督促其改正，切不可就此放过，以免下次再犯。

第 十 章

叛逆情绪：当父亲的权威遇到孩子的叛逆

　　父母需要与孩子保持一定的亲密关系，但是又不能太过宠爱孩子，必须要在孩子面前树立一定的权威性。

　　在孩子的成长过程中，为孩子制订一些制度和准则来约束其行为，明确什么能做，什么不能做，让孩子在有规矩、有原则的学习生活中规范自己，顺利度过一个又一个叛逆期。

1. 不要一味把孩子当朋友

把孩子当成朋友来看待，放下家长的架子，与孩子站在同一水平线上，在平等的地位上进行交流，才能真正走进孩子的内心，孩子才会信任你。

小仲马的著作《茶花女》在法国上演之后，引起了巨大的反响。小仲马得意地对父亲大仲马说："爸爸，瞧我的《茶花女》引起了多大的轰动，您的任何一部作品都比不上吧？"

大仲马沉默了一会儿，问小仲马："那你说我最好的作品是什么？"小仲马想了很久也没想到。大仲马笑笑说："孩子，你就是我最好的作品。"

没错，孩子就是父母最好的作品。要想自己的这个作品能够成为"旷世巨著"，就必定要在教养上下功夫。

父母和孩子之间的联系，除了内在的血缘关系之外，还有很多外在的关系。最为明显的两种关系，就是朋友间的平等、信任关系以及亲子间的引导关系。

朋友之间，贵在地位平等和相互交心、互相信任。

钟湘和妈妈是无话不谈的好朋友，不管在生活上还是学习上遇到了问题，她都会主动跟妈妈说，有时拿不定主意，还会请妈妈帮助做出决定。

有一次，老师让钟湘代表学校去参加跟兄弟学校的友谊辩论赛，钟湘心里直打鼓，不敢答应老师。她问妈妈的意见，希望妈妈能给她指出一条"明路"。

妈妈问她："想不想展示自我？"

钟湘点点头。妈妈又问："老师为什么选你去参加辩论赛？"

"老师说我的思辩能力很强。"

"那就是了，老师既然选你，肯定就是认为你能行！别人都说你行了，你怎么就对自己没信心呢？"

"其实，我是怕输！要知道，我代表整个学校去参加啊，肩上的责任太重大了。"钟湘最担心自己怯场或者临场发挥不好，影响辩论赛的结果。

"那还是说明你没自信。如果你想在更大的舞台上展示自己，就要克服缺乏自信这个缺点。"

"妈妈，要怎么克服呢？"

"很简单啊，告诉自己，我一定能行！"妈妈拍拍钟湘的肩膀，"其实，你没必要想那么多，只要好好去比赛就是了，输与赢根本不是最重要的，友谊第一，比赛第二嘛！"妈妈的话，顿时让钟湘浑身上下充满了信心和活力。

把孩子当成朋友来看待，放下家长的架子，与孩子站在同一水平线上，在平等的地位上进行交流，才能真正走进孩子的内心，孩子才会信任你，凡事会跟你商量、跟你沟通，接受你的意见或是建议，走好人生的每一步。

徐斌把自己考了89分的试卷递给爸爸，用一副满不在乎的样子说："老爸，这次考砸了，下次咱再努力努力，争取上90分。"

爸爸低头看了看试卷，然后抬头望了徐斌一眼，黑沉着脸道："你这是什么态度？"

"什么什么态度啊？"徐斌不太明白，平时跟自己"称兄道弟"的爸爸怎么突然变了个人似的，居然黑着脸跟自己说话。

"没考好，还一副大大咧咧的样子！"爸爸狠狠地瞪着徐斌吼道，"有没有反思一下没考好的原因啊？做错的题目有没有重新做一遍啊？"

"老爸，用得着发那么大火吗？我……"

没等徐斌说完，爸爸就把试卷用力地摔到徐斌身上："住口！虽然平日里咱们父子俩是无话不谈的好朋友，但你别忘了，我是你家长，不要挑战你老爸的权威！"

看到爸爸一副认真得不能再认真的表情，徐斌这才意识到，能跟自己通宵打游戏、看球赛的老爸，在一定环境和条件下，不再是自己的"哥们儿"了，而是个"高高在上"的长辈——务必要听家长的话，不能挑战他作为家长的尊严。

"给我回房间好好检讨自己这次没考好的原因，晚饭后给我汇报！"爸爸一声令下，徐斌立马乖乖回到房间。

父母和孩子可以做朋友，但是父母要提醒孩子，和谐的亲子关系不等于僭越。就像大仲马所说，小仲马就是他最好的作品——小仲马能有如此大的成就，大仲马是功不可没的，没有他的教养和引导，小仲马又怎么可能成为法国著名的剧作家呢？

所以，家长跟孩子可以做好朋友，但是又不能只做好朋友，还是要在孩子面前树立一定的权威性，要对孩子具有一定的威慑力，才能做好孩子的引路人，对孩子进行一定的砥砺，使之成才。

2. 建立你在孩子心中的权威

孩子初到这个世上，一切都是陌生的，什么都还不会，他们需要一个令他们有信服感和具有权威性的"向导"，为他们指导人生之路。这个"向导"正是父母。

孩子初到这个世上，一切都是陌生的，什么都还不会，他们需要一个令他们有信服感和具有权威性的"向导"，为他们指导人生之路。

213

这个"向导"正是父母。只有父母才能当好这个向导，也只有父母才具有向导的"信服感"和"权威性"。

尽管有人认为，用父母的权威性去影响孩子，让孩子完全服从于父母的权威之下，会阻碍孩子的创造力和思维发展，会使孩子成为父母的"傀儡"，失去自我。

但我们不得不说，这个权威性不是建立在表面，不是让孩子惧怕父母，什么都听父母的，没有半点自己的思想和自由——权威性是要建立在孩子心中的。

如何才能做到将权威性建立在孩子的心中呢？

首先，要以德服人。父母要加强思想道德品行的修养，以高尚的道德情操和完美的人格在孩子心目中树立起伟大的形象。

琳子的爸爸是一名人民警察，也是警局里的英雄人物。在一次执行任务时，琳子爸爸为缉拿一个杀人凶手，与凶手展开殊死搏斗，险些丧命。当琳子和妈妈赶到医院，爸爸刚刚脱离危险期，但还在深度昏迷中。

琳子看着爸爸插着各种管子躺在重症病房里，不禁潸然泪下。她在周记中这样写道："爸爸不仅是人民的英雄，更是我心目中的英雄！"

要想让孩子信任你、以你为榜样，父母首先要以身作则，成为一个道德高尚、有人格魅力的人。身为父母，不能只顾着要求孩子取得良好的成绩，自己也要坚持学习，不断为自己充实知识能量，让自己变得越来越强大。

再次，"严于律己"不仅是父母对孩子的期望，也是对自己的要求。只有严格地要求自己，严格地守纪律守行为，为孩子做个好榜样，孩子才会养成良好的行为习惯。

很多大中城市中，早晚上下班高峰时大家乘坐公交车或者地铁都是蜂拥而上，很少会主动排队的。

铭天的爸爸妈妈很讲究社会秩序，每次坐公交车，即使大家都在挤着，他们都必然会排队。

在爸爸妈妈这种榜样的影响下，铭天乘坐公交车时也必然会主动排队，即使遭到那些不排队的乘客翻白眼，他还是坚持那么做。

尊重孩子的人格权利和兴趣爱好，是在孩子心目中树立权威性的重要方法之一。只有懂得尊重别人，别人才会尊重你。尊重是一个人气度和素质的体现。父母和孩子之间只有建立起互相尊重的亲子关系，家庭才能够朝着和谐美满的方向发展。

爸爸去上班之前，答应女儿林梓下班回家会给她带一个小玩具。不过，爸爸忙了一整天，下班时就忘记答应林梓的事了。当他回到家门口，正要用钥匙去开门时，听到屋里的林梓问妈妈："妈妈，你说爸爸下班回来会给我带什么玩具呢？"

妈妈问她："要是爸爸今天太忙忘记买了，明天给你补上好不好啊？"

"不好！答应过人家的事怎么能不做到呢？"林梓抗议道。

听到这儿，爸爸赶紧把钥匙收回兜里，转身去附近的超市给林梓买玩具了。

在孩子面前，务必要履行承诺，答应孩子的事务必要做到。

孩子小时候调皮捣蛋是常有的事。每次孩子闯祸后回家，有些父母必然会大发脾气，对孩子不是一顿毒打，就是一顿责骂。

其实很多时候，孩子犯的都是些无伤大雅的小错，没必要对孩子使用家庭暴力，而要心平气和地跟孩子讲道理，对孩子的态度要和蔼宽容，这样才能保持亲子间的和睦关系。

倾听和交流是维系亲子间友好关系的重要纽带。父母要多抽时间听听孩子的心里话，跟他多沟通，互相倾诉自己的心里话，走进彼此的心灵世界。如此，父母和孩子才会互相了解，互相体谅。

最后一点，就是要善于观察孩子，多发现孩子的优点和缺点。

是优点就要重点培养，有了缺点就要帮助其改正，对孩子取得的每一点进步都要给予鼓励，促进孩子的积极性，让他把每件事都能做得更好。

3. 让孩子知道你坚定的立场

对于孩子提出的一些不太合理或合理但是暂时不能满足的要求，家长一定要坚定自己的立场，不行就是不行，绝对不要因为孩子哭闹而心软，也不要因为孩子的眼泪而妥协。

对于孩子提出的一些不太合理或合理但是暂时不能满足的要求，家长一定要坚定自己的立场，不行就是不行，绝对不要因为孩子哭闹而心软，也不要因为孩子的眼泪而妥协。

要让孩子知道，不是他想怎样就能怎样的！

要让孩子知道，他自己也是家庭中的一员，要想得到父母更多的关爱，获得更多的自由和欢乐，想要一家子和谐快乐的话，就务必要遵守家庭秩序。

朗朗感冒一个多星期了，一直吃药都不好。妈妈接朗朗放学回家时路过一家冰激凌店，朗朗看到后喊道："妈妈，我想吃冰激凌，你给我买一个吧！"

妈妈当然不同意了，感冒没好，怎么能吃生冷的东西呢。

可朗朗根本不听妈妈的劝告，站在冰激凌店门口不肯走。妈妈上前拉他，他就跑到店里哭闹，妈妈被朗朗哭闹的行为弄得很没面子，也很心烦，无奈之下只好妥协，给他买了一个冰激凌。

很多家长都是受不了孩子的哭闹，拿孩子没辙，所以才妥协的。可是家长有没有想过，这一次你妥协了，暂时获得了安宁，以后还会安宁吗？

温岚从幼儿园开始就一个人睡觉。不过，一段时间后，温岚听到其他小朋友说晚上都跟妈妈睡，她回到家就跟妈妈提出"从今晚开始跟妈妈一起睡"的要求。

妈妈以为温岚只是一时兴起，跟自己睡两三天就会独自睡觉了。可没想到，一个星期过去了，温岚还没有独自睡觉的想法。妈妈就用商量的语气问她："岚岚，要不要一个人睡呀？你可以抱着你最喜欢的泰迪熊。"

"我不要！我就要跟妈妈睡！"温岚不同意，还是坚持要跟妈妈睡。

就这样又过了几天，妈妈的单位接了一个大工程，妈妈近期都要加班。到了晚上，温岚一直守在门口等妈妈回来。爸爸跟她说妈妈近期工作忙，要很晚才能回来。温岚就一直哭，不肯吃饭也不肯睡觉，非要等妈妈回来跟妈妈一起睡。

爸爸只好给妈妈打电话求救。妈妈在电话那端好言相劝，温岚还是哭，就是不肯一个人睡觉。由于工作原因，妈妈一时半会儿也回不来，最后温岚哭累了，在爸爸怀里睡着了。

很多家长都会像温岚妈妈一样，一开始不忍心拒绝孩子要跟妈妈睡的要求，没坚定自己的立场。等孩子养成了跟妈妈睡的习惯后，只要妈妈不在家，她必然会又哭又闹，嘴里喊着"我要妈妈"。这对孩子的成长是很不利的。

在网上看到过这样一个故事：

孩子拉着妈妈的手，让她陪自己出去玩，不让妈妈洗菜做饭。

妈妈说："妈妈现在还没有准备好出去玩。"

孩子说："可是我准备好了。"

妈妈说："那你等我准备好了，我们一起出去玩。"

孩子问："妈妈，那你什么时候能准备好啊？"

"妈妈做好饭，等我们吃完饭，妈妈就准备好了。"

"妈妈你先陪我去玩，回来再做饭不行吗？"

"那你先陪妈妈做饭，等饭做好了，吃完晚饭，妈妈再陪你玩行吗？"

"妈妈先陪我玩，再做饭！"

"可是爸爸一会儿就下班回来了，爸爸肚子饿要吃饭啊！你看看时间，快6点了，我们家不都是6点半吃晚饭的吗？"

"今天晚一点吃行不？"

"按时吃饭你才能长高高的哦！"

妈妈和孩子就这么你一句我一句各持己见，不过几个回合之

后，孩子败下阵来，主动留在厨房里给妈妈帮忙——只有快点把晚饭做好，快点吃饱饭，妈妈才会陪她出去玩。

这位妈妈一直都坚定着立场，不管孩子如何苦求，她都坚持不改变自己的决定。这种做法，是值得各位家长学习的。

拒绝也是有技巧的。

家长在拒绝孩子的一些要求时，态度一定要温和，语气一定要坚定。家长朋友一定要坚定自己的立场，切不可随意妥协，不然只会助长孩子嚣张的气焰，这样不利于孩子身心的健康成长。

4. 让孩子知道后果的重要性

身为孩子的监护人和引路人，一定要明确地告诉孩子后果的重要性，教育孩子要对自己的行为负责，引导孩子对自己的行为所产生的后果进行处理。

傍晚时分，小区广场上有很多小朋友聚集在一起，拿着心爱的玩具在玩。

田田拿着爸爸给他新买的遥控飞机在广场中央玩，雅雅则挥舞着新买的巴拉拉魔法棒念着咒语。隆隆看到雅雅的魔法棒闪烁着彩色的光，觉得很有意思，便上前问道："可以给我玩一下吗？"

雅雅摇摇头，继续挥舞着魔法棒说："不行！这是妈妈给我新买的，我才玩了一小会儿呢！"隆隆伸手握住了雅雅的魔法棒，哀求道："就给我玩一会儿嘛，一会儿我就还你！"

"不给！"雅雅依然摇头，死死地拽住魔法棒不肯松手。

"要不我拿我的皮球跟你换着玩一下吧？"隆隆不死心，一手拽住雅雅的魔法棒，一手把皮球递给雅雅。

雅雅用力地把隆隆的皮球给拍到了地上，等隆隆转身去捡的时候，一把夺过魔法棒就跑。

雅雅在跑的过程中，撞上了田田的遥控飞机，不仅雅雅摔了个大跟头，魔法棒和遥控飞机也都摔到了地上。雅雅吃力地爬起来后发现，魔法棒的彩灯被摔坏不亮了。而同时，把遥控飞机捡起来的田田发现，遥控飞机也被摔坏飞不起来了。

雅雅握着魔法棒伤心地哭了起来，田田则一脸无奈地望着遥控飞机，不知如何是好。

"哈哈，坏掉了吧？看你还小气，不肯借给我玩一下！"隆隆看到雅雅哭了，竟然幸灾乐祸起来。

隆隆怎么能这样？要不是他硬抢雅雅的魔法棒，也不会酿成这起小事故，就不会使魔法棒和遥控飞机摔坏了。

做错事肯定要承担后果，如何让这个孩子学会负责任，学会承担后果呢？

在一旁看到这一切的隆隆妈妈刚想上前把隆隆教训一顿时，田田跑到了隆隆跟前，对隆隆大声说道："你弄坏了我们的玩具，要说对不起，还要赔！"

几个小女孩远远地跑了过来安慰雅雅，几个小男孩将隆隆围了起来，一同要求他给雅雅和田田道歉。

这时，妈妈走了过去，问隆隆："你是不是故意要把雅雅和田田的玩具弄坏的？"

隆隆摇摇头："我不是故意的。"

"不是故意的，但还是弄坏了他们的玩具，是不是要说对不起啊？"妈妈接着问隆隆。

隆隆抬头望了望妈妈，又望了望还在哭的雅雅和正怒视着他的田田，点了点头。

"要是你的玩具被弄坏了，你要不要小朋友赔啊？"妈妈再问。

隆隆想了想，再次点点头。

"那同样的，你弄坏了其他小朋友的玩具，是不是也要赔呢？"妈妈顺势问道。

最后，在妈妈的监督下，隆隆亲口向雅雅和田田说了对不起，还跟着妈妈一起去买新的玩具赔给他们。

回到家，妈妈就这事对隆隆进行了教育。

妈妈问隆隆："隆隆，你知不知道做错了事要承担一定的后果啊？"隆隆回答道："知道了。"

妈妈又问："那你知道后果的重要性吗？"

"不知道。"隆隆摇了摇头。

"不管是小朋友还是大人，不管做错了什么事，都要主动承担一切后果。如果逃避的话，会变成一个'不负责任的人''没有责任心的人'，小朋友很讨厌这样的人，是不会跟这样的人玩的。老师也不会喜欢这样的人，就连爸爸妈妈也不会疼爱这样的孩子。"

隆隆摇了摇头，说："我不要做一个令小朋友、老师还有爸爸妈妈都讨厌的人！"

"那你以后就要注意了，千万不要像今天这样，不仅弄坏了小朋友的玩具，还在一旁幸灾乐祸。"

"知道了！"隆隆用力地点点头，完全明白了妈妈的话。

孩子犯错是常有的事。身为孩子的监护人和引路人，一定要明确地告诉孩子后果的重要性，教育孩子要对自己的行为负责，引导孩子对自己的行为所产生的后果进行处理。

尽管妈妈正确引导隆隆认识到了自己的错误，还让隆隆跟小朋友道歉，并告诉他以后不能再犯同样的错误——此事看起来处理得还不错，不过有一点妈妈遗漏了，那就是没有向隆隆解释，他弄坏小朋友的玩具对小朋友的影响。

如果妈妈明确地告诉隆隆，他弄坏雅雅和田田的玩具，使雅雅伤心地哭了，田田无比心疼自己的新玩具，让隆隆意识到他的行为伤害了雅雅和田田，让他们难过、失望，那么隆隆很可能会主动承担责任。

此外，事后妈妈还可以跟隆隆坐下来讨论一下，隆隆没意识到自己这种幸灾乐祸的行为可能造成的后果。妈妈可以引导隆隆将这些后果明确列出来，让隆隆自己去确定，哪些后果是他能接受的，哪些是他所不能接受的。

这样，可以让他对自己所犯的错误可能引起的后果有个清晰的认识，加深他的印象，提醒他今后不要再犯同样的错误，不然后果可能非常严重，比如和小朋友吵架或者打架。

5. 威胁孩子并不能解决问题

既然威胁孩子无法解决问题，倒不如换一种表达方式，好言相劝，耐心引导，效果会明显好多了。

孩子哭闹个不停，怎么劝他都不听，爸爸妈妈生气了，大声威胁孩子说："再哭就把你丢出去，不要你了！""再哭，让大灰狼把你叼走！"

受到爸爸妈妈如此威胁，孩子真的会停住哭声吗？当然不会了，孩子反而会哭得更加大声。

威胁孩子并不能解决问题，反而会带来新的问题，让孩子以为父母不爱自己，不想要自己了，这样会使孩子弱小的心灵受到伤害的。

不过这种伤害很快便会消失。因为孩子知道父母的威胁只不过是说说而已，根本就不会"兑现"。

没错，家长出言威胁孩子，只不过是一时之气罢了，那些威胁的话根本就是纸老虎，只不过是用来吓唬孩子而已——说不要孩子了，家长真能狠得下这个心吗？

就是因为狠不下心，家长过过"嘴瘾"之后一切如常，孩子该闹的还是会闹。

为什么会这样呢？

因为受到了家长的几次威胁，几次都顺利地度过，孩子就不会再相信家长那些威胁的话了，这使孩子对家长的威信有了一定的质疑。

从此以后，不管家长再说同样的话多少次也起不到任何的威慑作用，根本就解决不了任何问题。

宏伟的爸爸脾气很暴躁，动不动就威胁宏伟。

宏伟想多玩一会儿电脑，爸爸冲进他房间劈头盖脸地吼道："再不关电脑，我就把电脑给摔了！"

宏伟想多看一会儿电视再做作业，爸爸直接就冲到客厅把电视给关了，并对他吼道："快去做作业，不然我揍你！"

周末的时候，爸爸让宏伟陪他去朋友家做客，宏伟说约了同学

出去玩,不跟爸爸去。爸爸直接冲他吼道:"你敢不跟爸爸去张叔叔家自己跑去玩的话,看我不把你的腿给打断!"

爸爸最初几次说这样的话,宏伟吓得魂都没了,乖乖地按照爸爸说的去做。可是有一次,宏伟在看 NBA 篮球赛的时候,爸爸强行要他关电视去复习功课,正看到精彩部分的他当即提出了抗议,说看完球赛之后就去。爸爸嘴上说着"再看就砸电视",可并没有实际行动,宏伟就不怕爸爸了。

从那以后,宏伟面对爸爸的"恐吓"时,总是表现出无所谓、充耳不闻或是干脆置之不理的态度。

爸爸对此不知有多恼火,很多次都想真的动手打宏伟。要不是被妈妈及时拦下的话,估计父子俩早就大打出手了。

其实,父母可以变通一下,换一种表达方式,或者用另一种思维来看待某些问题,必然会有意想不到的效果。

蒙蒙跟妈妈去逛商场的时候,看到一个漂亮的芭比娃娃,很想要,故央求妈妈给她买。

妈妈看了看那个芭比娃娃的价格,想到前几天才给蒙蒙买了个类似的娃娃玩具,就摇摇头,不肯答应蒙蒙的要求。

蒙蒙却坚持要妈妈买,不肯离开这家玩具店,死死抱住那个芭比娃娃不放。

原本妈妈还耐心地跟蒙蒙讲道理,可蒙蒙一直不肯妥协,非要妈妈给她买那个芭比娃娃。妈妈见蒙蒙太过执着,就威胁说:"说不买就不买！你再赖在这儿，就永远赖在这儿吧。妈妈不要你了，妈妈要走了！"

说完，妈妈大踏步地走出了这家玩具店。蒙蒙一边哭一边跑出去追妈妈，怀里还抱着那个芭比娃娃。

妈妈都说这样的狠话了，蒙蒙还是不肯放弃这个芭比娃娃，哎！

如果妈妈能稍微变通一下，跟蒙蒙说："妈妈刚才不是给你买了一件小裙子吗？现在可不能再买礼物了，如果你真的很喜欢的话，我们下次来逛商场的时候再买好不好？"

这时，蒙蒙一定不会哭闹着非要妈妈买，而是会四处瞅瞅这家店，在心里记下这家店的样子，以便下次来的时候容易找到。

妈妈也可以"趁热打铁"，跟蒙蒙说一些其他的事来分散她的注意力："蒙蒙，你刚刚不是说想吃寿司吗？我们现在马上回家，妈妈给你做，好不好啊？"

有好吃的，孩子怎么会拒绝呢？肯定立刻牵起妈妈的手往家里跑了。

威胁孩子如果不这样做就会怎样，只不过是说说而已，并不能当真。这种非真实的威胁根本解决不了什么问题，只会削弱父母的权威。

既然威胁孩子无法解决问题，倒不如换一种表达方式，好言相劝，耐心引导，效果会明显好多了。